가모가 들려주는 우주 이야기

가모가 들려주는 우주 이야기

초 판 1쇄 발행일 | 2006년 6월 23일
개정판 1쇄 발행일 | 2010년 9월 1일
개정판 11쇄 발행일 | 2021년 5월 31일

지은이 | 곽영직
펴낸이 | 정은영
펴낸곳 | (주)자음과모음

출판등록 | 2001년 11월 28일 제2001－000259호
주 소 | 04047 서울시 마포구 양화로6길 49
전 화 | 편집부 (02)324－2347, 경영지원부 (02)325－6047
팩 스 | 편집부 (02)324－2348, 경영지원부 (02)2648－1311
e－mail | jamoteen@jamobook.com

ISBN 978－89－544－2089－1 (44400)

가모가 들려주는
우주 이야기

| 곽영직 지음 |

(주)자음과모음

가모를 꿈꾸는 청소년을 위한 '우주론' 이야기

20세기에 인류는 우리가 우주에 대하여 어디까지 알아낼 수 있는지를 실험해 봤어요. 이 실험에는 몇몇 사람의 천재가 앞장섰으며, 많은 천문학자들이 그 뒤를 따랐지요.

우주론은 우주가 무한하고 영원하며 전체적으로 변함이 없다는 전통적인 우주론에서부터 출발했습니다. 20세기 초에 우주론을 연구하기 시작한 아인슈타인 같은 과학자들은 이와 같은 전통적인 우주론에서 벗어나지 않으려고 노력했어요. 그러나 프리드만과 르메트르 같은 과학자들은 용감하게 전통적인 우주론의 한계를 뛰어넘어 우주가 팽창하고 있다고 주장했어요. 하지만 이들의 주장은 허블이라는 사람의 관측을 통해 사실로 밝혀지고 나서야 사실로 받아들여졌어요.

1950년대에 빅뱅 우주론과 정상 우주론은 격렬한 논쟁을 벌였지만 쉽사리 결말이 나지 않았습니다. 빅뱅 우주론과 정상 우주론은 둘 다 팽창하는 우주를 설명하는 이론이었습니다. 빅뱅 우주론은 우주가 과거 특정 시점에 창조되었고 팽창하며 진화해 왔다고 주장하는 반면, 정상 우주론은 우주가 팽창하긴 하지만 팽창하면서 생겨난 공간에 끊임없이 다른 물질이 생겨나기 때문에 우주의 모습은 전체적으로 변함이 없다고 주장했지요. 1960년대가 되어 관측 기술이 발전하면서 빅뱅 우주론이 옳다는 증거들이 속속 발견되었어요. 펜지어스와 윌슨이 발견한 '우주 흑체 복사'는 빅뱅 우주론을 지지해 주는 가장 확실한 증거였습니다. 따라서 우주가 창조되고 팽창하며 진화하고 있다는 빅뱅 우주론은 이제 많은 사람들이 받아들이는 정통 우주론이 되었습니다.

이렇듯 큰일도 처음에는 작은 일에서부터 시작했다는 것을 우리는 기억해 둘 필요가 있습니다.

우주론의 발전 과정을 공부하면서 우리도 더 큰 진리를 알아내야겠다는 꿈과 희망을 가질 수 있기를 기대해 봅니다.

곽 영 직

차례

부록

첫 번째 수업 1

조지 가모를 기억하세요?

우주의 기원에 대해서 맨 처음 관심을 가진 사람은 누구일까요?
우주의 기원에 대한 뜨거운 논쟁에 관해서 알아봅시다.

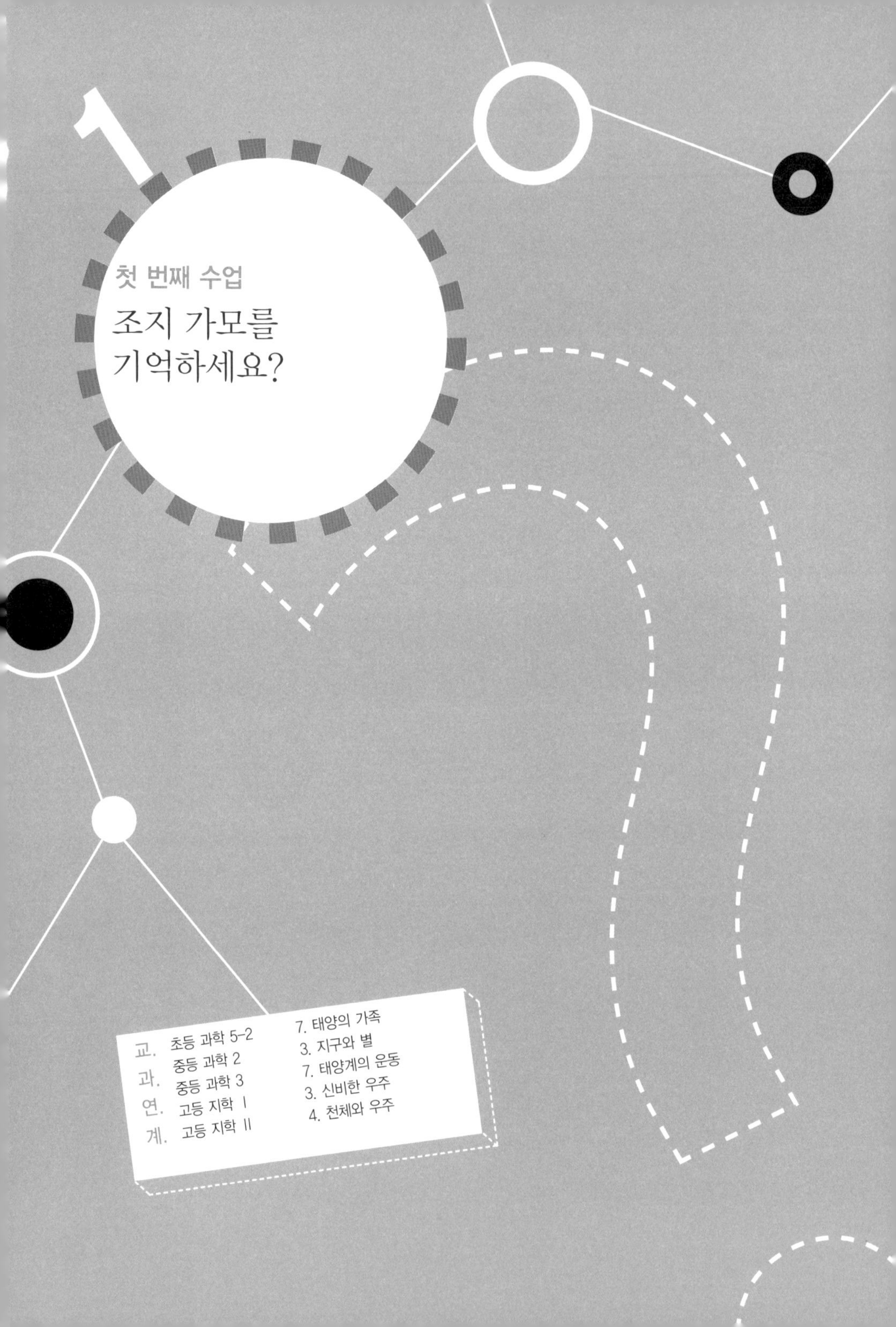
1
첫 번째 수업
조지 가모를
기억하세요?
교.
과.
연.
계.
초등 과학 5-2
중등 과학 2
중등 과학 3
고등 지학 I
고등 지학 II
7. 태양의 가족
3. 지구와 별
7. 태양계의 운동
3. 신비한 우주
4. 천체와 우주

가모가 안경 너머로 눈빛을 반짝이며 첫 번째 수업을 시작했다.

여러분 안녕하세요? 나는 물리학자 조지 가모예요. 옛날에는 소련의 일부였지만 지금은 독립 국가인 우크라이나의 오데사에서 1904년에 태어났어요. 지금 태어났다면 나를 우크라이나 출신 과학자라고 해야겠지만 그때는 우크라이나가 소련의 일부였기 때문에 사람들은 나를 소련 출신 과학자라고 하지요.

나는 아주 어렸을 때부터 과학에 아주 많은 흥미를 가지고 있었어요. 어릴 적 아버지께서 현미경을 선물로 사 주셨는데 현미경을 통해 보이는 것들이 얼마나 신기한지 주위의 모든

것을 현미경으로 확대하여 보았지요. 털이 숭숭 난 파리의 다리, 나뭇잎, 가는 실 등 현미경으로 들여다보지 않은 것이 없었어요.

하루는 교회에 갔는데 교회에서 성찬식을 하는 거예요. 성찬식에서는 작은 빵과 포도주를 나누어 주는데, 나누어 주기 전 신부님이 기도를 하면서 빵은 예수님의 살이 되고 포도주는 예수님의 피가 된다고 했어요. 나는 너무 신기해서 현미경을 이용해 그런 변화가 실제로 일어나는지 살펴보기로 했어요. 그래서 성찬식에서 빵을 나누어 주었을 때, 나는 그것을 입에 넣고 씹지 않은 채로 기다렸어요. 그러고는 집으로 달려가 현미경으로 빵을 관찰했지요. 하지만 빵에서는 어떤 변화도 일어나지 않았어요. 이것이 내가 기억하고 있는 최초의 과학 실험이었어요.

과학자가 되기 위해서는 이렇게 우리 주위에 있는 모든 것에 관심을 가지고 의심이 가는 것을 과학적으로 확인하기 위해 노력하는 습관을 길러야 해요.

나는 오데사에 있는 노보로시아 대학에 진학하여 물리학을 공부하기 시작했고 대학 시절부터 이름을 날렸어요. 하지만 오데사는 시골이어서 앞서 나가는 공부를 할 수 없었어요. 그래서 20세가 되던 1923년에 상트페테르부르크로 갔어요.

당시 상트페테르부르크에는 세계적으로 유명한 과학자들이 많이 있었지요. 그중에서도 프리드만(Alexander Friedmann, 1888~1925)은 팽창하는 우주론을 제안한 사람으로 유명했어요. 그에 대한 이야기는 뒤에서 다시 할 생각이에요. 우주론의 발전 과정에서 아주 중요한 일을 한 사람이거든요.

어쨌든 처음에는 상트페테르부르크에서 우주론을 공부할 생각이었지만 마음을 바꿔 핵물리학을 공부하기로 했어요. 당시에는 원자와 원자핵에 대한 새로운 사실들이 계속 발견되어 원자핵을 연구하는 물리학은 많은 사람들의 관심을 끌고 있었지요.

나에게도 그 당시 원자핵에 대한 연구가 훗날 우주론을 연구하는 데 많은 도움이 되었어요. 얼핏 생각하기에는 원자보다 더 작은 원자핵을 연구하는 것과 우주를 연구하는 우주론은 아무 관계가 없는 것처럼 보이지요. 하지만 핵물리학과 우주론은 아주 밀접한 관계가 있어요. 내 강의를 듣다 보면 핵물리학이 우주론과 어떤 관계가 있는지 잘 알 수 있을 거예요.

상트페테르부르크에서 핵물리학을 공부하기 시작한 나는 독일과 덴마크에서 유학하기도 했어요. 그러는 동안에 원자핵에 작용하는 힘에 관한 연구로 핵물리학 분야에서 세계적

으로 알아주는 과학자가 되었어요. 소련의 신문들은 나의 연구 성과를 크게 보도하고 영웅으로 추켜세웠어요. 드디어 소련에서도 서유럽의 유명한 과학자들과 어깨를 나란히 할 수 있는 과학자가 나왔다고들 했지요. 나는 대단한 사람으로 대우해 주는 것이 싫지 않았어요. 자랑스럽기까지 했으니까요. 이렇게 유학을 마치고 귀국한 후에는 소련의 여러 대학과 연구소에서 일했어요.

그러나 나는 곧 소련에서 사는 것이 싫어졌어요. 당시 소련에서는 어떤 이론이 과학적으로 옳고 그른가보다는 공산주의 사상에 어긋나지 않는지를 더욱 중요하게 생각했어요. 그래서 때로는 이미 유럽과 미국에서 과학적으로 사실이 아니라고 밝혀진 것도 사실로 받아들여야 했고, 어떤 때는 사실이라고 검증된 것도 받아들이지 말아야 했어요. 어떤 이론이 공산주의 사상에 어긋나는지는 알 수 없었어요. 그냥 정부에서 그렇게 정하면 과학자들은 따라가야만 했으니까요. 내가 볼 때 이런 것은 매우 어리석은 짓이었어요. 과학 이론의 옳고 그름은 과학적 실험, 분석을 통해 결정되는 것이지 정치적 생각, 판단에 따라 결정되는 것이 아니거든요.

그래서 나는 소련을 탈출하기로 결심했어요. 아내와 함께 여러 가지 계획을 세웠지요. 하지만 많은 사람들의 감시를 피해 탈출한다는 것이 쉬운 일은 아니었어요.

1932년에 첫 번째 계획을 세웠는데 흑해를 건너 터키로 탈출하는 것이었지요. 그러나 그 탈출 계획은 실현 가능성이 거의 없었어요. 소련에서 흑해를 가로질러 터키로 가려면 250km나 가야 하는데, 그 먼 거리를 노를 젓는 작은 배로 건너야 했기 때문이지요. 하지만 나와 아내는 둘이 번갈아 노를 저으면 6일째 되는 날쯤 터키에 도착할 수 있을 것이라고 생각했어요. 나는 물리학자였으니까 250km의 흑해를 건너는 데 며칠이 걸리는 지 쉽게 계산할 수 있었어요. 음식과 마실 물만 충분히 준비하면 그 정도는 견뎌 낼 수 있을 것이라고 생각했지요.

아내와 나는 6일 동안 먹을 음식과 마실 물을 준비했어요. 그리고 처음에는 놀잇배인 것처럼 가장해서 해안 가까운 곳에서 노를 젓다가 본격적으로 흑해를 가로질러 달리기 시작했지요. 처음에는 모든 것이 순조로워 보였어요. 저녁노을이 지는 풍경도 아름다웠지요. 일단 시작한 이상 반은 성공한 것이라고 생각했기 때문에 모든 것이 아름다워 보였는지도 몰라요. 그러나 우리의 행운은 36시간이 되지 않아 끝나 버렸어요. 날씨가 나빠져서 풍랑이 거세졌기 때문이었지요. 나는 물리학자였지 날씨의 변화를 연구하는 기상학자는 아니었어

요. 그래서 날씨를 예측할 수 없었지요.

이런 풍랑 속에서는 흑해를 건너기는커녕 목숨을 부지하기도 어려웠지요. 그래서 눈물을 머금고 다시 소련을 향해 노를 저어야 했어요. 그렇게 해서 소련을 탈출하려는 첫 번째 시도는 실패했어요. 그나마 다행이었던 것은 우리가 소련을 탈출하기 위해 흑해를 건너려 했다는 것을 아무도 몰랐다는 것이지요. 하지만 다음번에는 배로 흑해를 건너는 대신 얼어붙은 북극해를 건너 노르웨이로 탈출할 계획을 세웠어요. 그러나 그 계획도 수포로 돌아갔어요.

그래서 마지막으로 전혀 다른 방법을 시도해 보기로 했지요. 나와 같은 물리학자인 아내와 함께 정부의 허가를 얻어 유럽 여행을 가는 것이었어요. 유럽 여행을 갔다가 다른 나라로 망명해, 소련으로 돌아오지 않을 계획이었지요. 하지만 아내와 함께 여행 허가를 얻어 내는 것이 쉬운 일은 아니었어요. 소련 정부에서는 과학자처럼 소련에 꼭 필요한 사람들이 가족과 함께 외국을 여행하는 일을 엄격히 통제하고 있었거든요. 하지만 마침내 좋은 기회가 왔어요.

당시 벨기에의 브뤼셀에서는 전 세계의 유명한 과학자들이 정기적으로 모여 과학계의 중요한 관심사들을 토론하는 솔베이 회의가 열리고 있었어요. 나는 1933년에 열린 솔베이 회의에 참석해 달라는 초청장을 받았어요. 이것이야말로 하늘이 주신 기회라고 생각했지요. 나는 아내와 함께 이 회의에 참석하게 해 달라는 신청서를 제출했어요. 하지만 가만히 있으면 출국 허가가 나오지 않을 것이 뻔했어요. 그래서 평소에 알고 지내던 고위층 인사들을 찾아다니면서 부탁을 했어요. 나의 끈질긴 노력은 결국 성공을 거둬 나와 아내는 합법적으로 소련을 빠져나올 수 있었어요.

물론 회의에 참석한 후에는 소련으로 돌아가지 않았지요. 조국을 떠난다는 것은 참으로 마음 아픈 일이지만 나에게는 과학이 더 중요했지요. 정치적 이념 때문에 내가 하고 싶은 분야의 연구를 마음대로 할 수 없는 것은 참을 수 없는 일이

없어요. 솔베이 회의에 참석했던 나와 아내는 미국으로 건너가 조지워싱턴 대학에 자리를 잡았어요. 내가 본격적으로 우주론을 연구한 곳이 바로 이곳이었지요.

내가 미국에 정착한 1930년대에는 우주가 팽창하고 있다는 것이 이미 밝혀져 있었어요. 망원경을 이용한 관측으로 새로운 사실을 많이 알아낸 미국의 허블(Edwin Hubble, 1889~1953)이 1929년에 우주가 팽창하고 있다는 것을 밝혀냈거든요. 따라서 나는 우주가 팽창하고 있다면 과거의 우주는 현재의 우주보다 작았을 것이라고 생각하게 되었어요. 그렇다면 우주는 과거에 밀도가 아주 높고 온도도 높았을 거예요. 그런 상태에서 현재 우리가 관측하고 있는 우주가 될 때까지 어떤 과정을 거쳐 변해 왔을까 하는 것이 나의 관심사였지요.

내가 우주의 창조 과정과 그 후의 진화 과정을 연구하기 시작한 것은 1940년대 초였어요. 그때 유럽에서는 제2차 세계대전이 일어나 치열한 전쟁이 계속되고 있었지요. 미국도 참전했기 때문에 미국의 모든 체제도 전시체제로 운영됐어요. 따라서 미국에서 활동하고 있던 대부분의 물리학자와 화학자들은 원자 폭탄을 만들기 위해 비밀리에 진행되던 맨해튼 계획에 참여하게 되었지요. 따라서 당시로서는 우주의 기원을 밝히는 연구를 하는 사람은 나 혼자뿐이었어요.

나는 소련에서 탈출해 왔다는 이유로 맨해튼 계획에 참여할 수 없었어요. 내가 탈출한 후, 소련에서는 재판을 열어 나에게 사형 선고를 내렸어요. 그럼에도 불구하고 미국에서는 나를 믿을 수 없는 사람으로 취급했지요.

하지만 맨해튼 계획에 참여하지 못했던 것은 오히려 내게 큰 행운이었어요. 인간으로서는 상상도 하기 힘든 위대한 연구를 진행할 수 있었기 때문이었지요. 바로 우주의 기원에 대한 연구였지요. 처음에 나는 모든 연구를 혼자서 했어요. 하지만 나 혼자서 이 엄청난 연구를 한다는 것이 어려운 일이라는 것을 알게 되었지요.

그래서 1945년부터는 알퍼(Ralph Alpher, 1921~2007)라는 학생과 함께 연구하게 되었어요. 알퍼와의 만남은 특별한 인연이 되었어요. 이후 내가 진행한 거의 모든 연구를 알퍼와 함께 했거든요.

알퍼는 16살이던 1937년에 매사추세츠 공과 대학(MIT)에 장학금을 받고 입학했어요. 하지만 그가 유대인이라는 것이 밝혀져 장학금이 취소되었기 때문에 학교를 그만두어야 했지요. 당시 유대인은 유럽에서는 물론 미국에서도 많은 차별 대우를 받고 있었어요. MIT를 그만둔 알퍼는 낮에는 직장에

서 일을 하고 밤에는 조지워싱턴 대학에 다녔어요.

알퍼가 대학을 졸업하고 대학원에 진학하게 되자 그를 나의 박사 과정 학생으로 받아들였어요. 나는 알퍼가 뛰어난 수학적 재능을 가지고 있다는 것을 알고 있었거든요. 이러한 판단은 옳은 것이었어요. 나와 함께 연구를 시작한 알퍼는 자신의 능력을 유감없이 발휘하기 시작했어요. 내가 미처 하지 못했던 어려운 계산도 척척 해냈지요. 우주의 기원을 연구하는 환상적인 팀이 만들어진 거예요.

몇 년 후에 우리 연구팀에 한 사람이 더 가세하게 되었어요. 그 사람은 헤르만(Robert Herman, 1914~1997)이라는 사람이에요. 알퍼와 헤르만은 모두 러시아 출신으로 미국에 정착한 유대인 이민자의 후손이었어요. 나도 소련에서 왔기 때문에 우리 셋이 더 잘 뭉칠 수 있었는지도 모르지요. 알퍼와 마찬가지로 헤르만도 우주의 초기 상태를 연구한다는 것에 대단한 흥미를 느끼고 있었어요. 사실 현대 우주론의 전부라고 할 수 있는 빅뱅 우주론은 우리 셋이 만들었다고 할 수 있어요. 그러니까 내가 지금부터 하려는 우주 이야기는 나 혼자 해낸 일이 아니라 우리 셋이 함께 해낸 일이에요.

우리가 처음 만났을 때 나는 교수였고, 두 사람은 나의 학생이었지요. 하지만 연구가 계속되면서 우리는 동료가 되었

어요. 그러나 불행하게도 우리가 만들었던 빅뱅 우주론은 처음에는 다른 사람들로부터 인정을 받지 못했어요. 그건 아마 우리가 다른 사람들보다 시대를 앞서 갔기 때문이었을 거예요. 그렇다 보니 어려운 시간도 많이 있었지요. 그럴 때마다 우리는 서로를 위로하면서 이겨 냈어요. 그러니까 앞으로 빅뱅 우주론을 이야기할 때에는 나뿐만 아니라 알퍼와 헤르만의 이름도 같이 기억해 주면 좋겠어요.

재미있는 것은 우리가 만든 빅뱅 우주론의 가장 강력한 경쟁 이론이었던 정상 우주론도 호일(Fred Hoyle, 1915~2001), 골드(Thomas Gold, 1920~), 본디(Hermann Bondi, 1919~2005)라는 세 사람의 영국 과학자들이 만들었다는 사실이에요. 그러니까 1940년대와 1950년대의 우주론에 관한 논쟁은 나와

알퍼 그리고 헤르만의 삼총사가 제안한 빅뱅 우주론과 호일, 골드, 본디라는 삼총사가 제안한 정상 우주론의 결투였다고 할 수 있지요.

물론 우리 연구팀이나 호일의 연구팀이 본격적으로 연구하기 전에도 우주론은 있었어요. 하지만 두 팀 사이의 경쟁이 본격적으로 시작되면서 현대 우주론이 빠르게 발전해 갔어요. 따라서 어떤 연구팀의 주장이 옳고 그르고를 떠나 우리나 호일의 연구팀은 우주론 발전에 중요한 역할을 했다고 할 수 있어요. 그러니까 앞으로 내가 할 이야기는 우리 두 팀이 우주의 기원에 대해 본격적인 연구를 시작하기 전에는 어떤 우주론이 있었는지, 각기 제안한 우주론은 어떤 것이었으며,

이들은 서로 어떻게 달랐는지, 그리고 두 우주론 사이의 경쟁이 어떻게 끝났는지에 대한 이야기예요. 사실 이 이야기는 바로 현대 우주론의 역사라고 할 수 있어요.

이렇게 우리가 두 편으로 나누어 격렬한 싸움을 시작하자 전 세계의 천문학자들도 두 편 중 한 편에 가담하게 되었어요. 따라서 두 팀의 이론 싸움은 모든 천문학자들의 싸움이 되었지요.

세상에서 가장 재미있는 구경거리가 싸움 구경이라는 말 들어 봤나요? 길거리에서 싸움이 나면 사람들이 모여들잖아요. 이제 여러분은 가장 재미있는 싸움 이야기를 듣게 될 거예요. 나도 벌써부터 신나요. 내가 앞장섰던 싸움 이야기를 하려니 말이에요. 게다가 결국 내가 이긴 싸움이거든요.

다음 수업에서 본격적인 우주론 이야기를 시작하기로 해요.

만화로 본문 읽기

안녕하세요, 선생님.
선생님은 언제부터 우주를 연구하신 건가요?
내가 우주의 창조와 진화 과정을 연구하기 시작한 것은 1940년대 초였어요.

내가 미국에 정착했던 1930년대에는 우주가 팽창하고 있다는 것이 이미 밝혀져 있었지요.
우주의 팽창은 누가 밝힌 건가요?
그건 다 아는 얘기잖아!
우주가 팽창하고 있대!

1929년에 미국의 허블이 우주가 팽창하고 있다는 사실을 망원경을 이용한 관측으로 밝혀냈지요.
그렇군요.
우주는 팽창하고 있어!

그래서 나는 우주가 팽창하고 있다면 과거의 우주는 현재의 우주보다 작았을 거라고 생각하게 되었지요.
과학자다운 생각을 하신 거네요.
그래서 어떻게 하셨어요?
우주가 팽창하고 있다면 과거에는 더 작았다는 얘긴데….

몇 년 후에 나는 알퍼, 헤르만과 함께 현대 우주론의 전부라고 할 수 있는 빅뱅 우주론을 만들었답니다.
정말 대단하세요.
빅뱅 우주론

하지만 처음에는 빅뱅 우주론이 다른 사람들로부터 인정받지 못했어요.
그건 아마도 선생님께서 다른 사람들보다 시대를 앞서가셨기 때문일 거예요.
빅뱅 우주론
?
?
?

두 번째 수업 2

고대 우주론에서 현대 우주론으로

우주의 나이는 어떻게 계산할까요?
고대 우주론에서 현대 우주론으로 바뀌는 과정에 대해 알아봅시다.

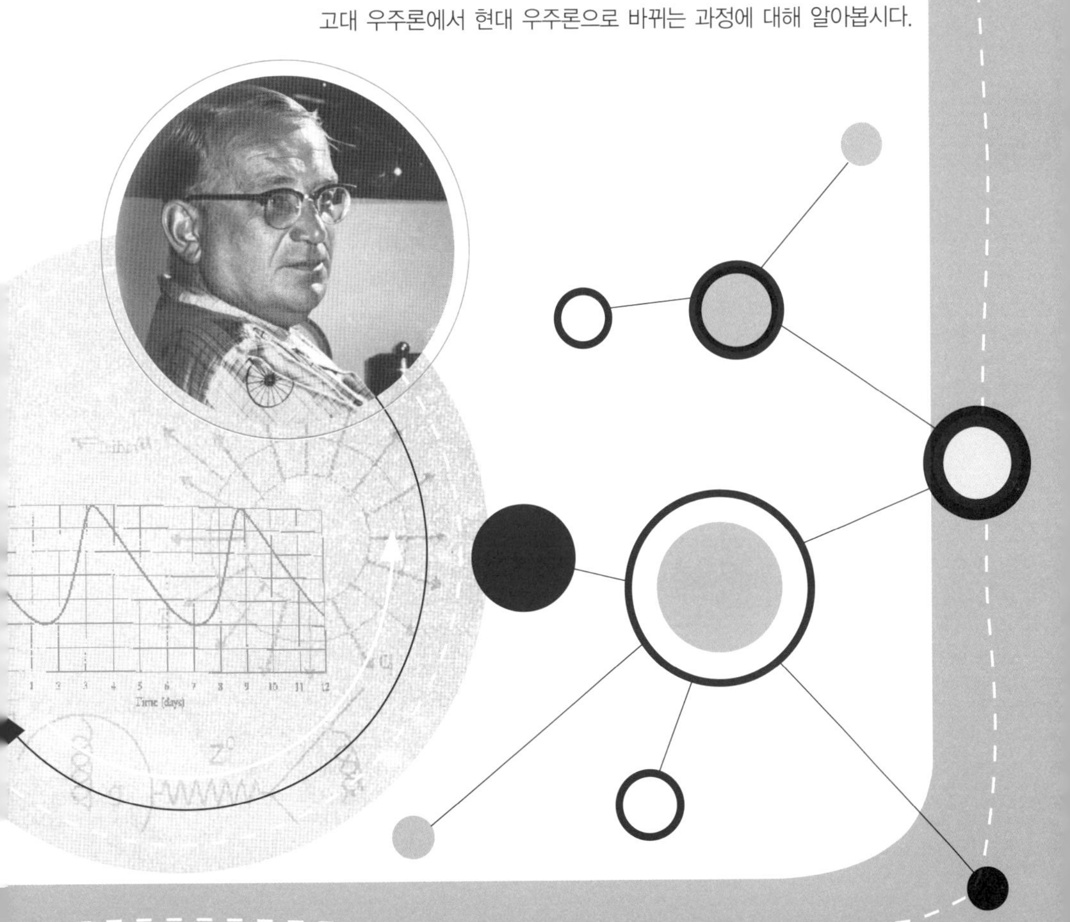

2

두 번째 수업

고대 우주론에서 현대 우주론으로

교과연계		
교.	초등 과학 5-2	7. 태양의 가족
과.	중등 과학 2	3. 지구와 별
연.	중등 과학 3	7. 태양계의 운동
계.	고등 지학 Ⅰ	3. 신비한 우주
	고등 지학 Ⅱ	4. 천체와 우주

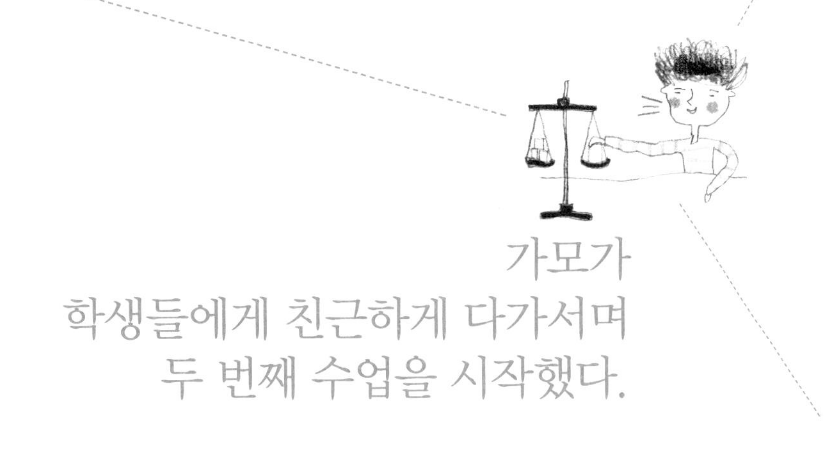

가모가
학생들에게 친근하게 다가서며
두 번째 수업을 시작했다.

여러분은 벌써부터 우리와 호일의 연구팀 사이에 벌어졌던 싸움 이야기를 기대하고 있나요? 하지만 그 이야기를 하려면 우선 우리 싸움이 시작되기 전에 어떤 우주론이 있었는지에 대해 알아보아야 해요. 아무리 재미있는 싸움 구경이라고 해도 왜 싸우게 되었는지, 그리고 싸움의 발단이 무엇인지를 알고 난 후에 구경해야 더 재미있잖아요.

우주론 이야기를 하려면 1600년대로 돌아가야 해요. 천문학의 역사에서 1600년대는 아주 중요한 연대예요. 갈릴레이, 케플러, 뉴턴 같은 위대한 과학자들이 새로운 천문학을 성립

시키기 위해 활동하던 시기였기 때문이지요. 코페르니쿠스(Nicolaus Copernicus, 1473~1543)가 행성들이 지구 주위를 돌고 있는 것이 아니라 지구를 비롯한 행성들이 태양 주위를 돌고 있다는 지동설을 제안한 것은 1543년의 일이었어요. 하지만 지동설이 사실이라는 것을 강력하게 주장한 것은 1600년대에 활동했던 갈릴레이, 케플러, 뉴턴 같은 과학자들이었어요. 처음에 교회와 보수적인 과학자들은 이러한 생각에 반대했어요. 우리가 평화롭게 살아가고 있는 이 지구가 빠른 속도로 움직이고 있다는 것은 받아들이기 어려운 사실이었거든요.

사실 성경에는 지구가 태양을 돌고 있는지 아니면 태양이 지구를 돌고 있는지에 대해 설명하는 부분이 없어요. 하지만 기록된 내용을 자세히 살펴보면 지구가 정지해 있다는 것을 암시하는 부분이 여기저기에 있어요. 물론 그것도 지구가 돌고 있는지 태양이 돌고 있는지를 설명하기 위한 것은 아니었어요. 다른 이야기를 하면서 지구는 정지해 있는 것과 같은 인상을 주는 이야기를 했던 것이지요. 교회에서는 이 기록을 근거로 지동설을 주장하는 사람들을 박해했어요. 갈릴레이(Galileo Galilei, 1564~1642)가 지동설을 널리 알렸다는 이유로 종교 재판을 받았다는 이야기는 모두 들어 보았을 거예요.

하지만 교회도 언제까지나 새로운 과학 이론을 탄압할 수만은 없었지요. 새로운 이론이 옳다는 증거들이 속속 밝혀지고 있는데 계속 오래전의 주장만 하고 있다가는 교회의 권위만 떨어지질 것 같았어요. 그래서 결국 교회는 과학적인 문제에 개입하지 않기로 했지요. 따라서 갈릴레이 이후의 과학자들은 교회의 간섭 없이 자유롭게 연구를 할 수 있었어요. 뉴턴 역학이나 원자론, 진화론 같은 위대한 과학적 이론이 나올 수 있었던 것은 이렇게 변화된 환경 때문이라고 할 수 있어요.

하지만 과학에 대한 이러한 자유로운 변화에도 불구하고 한 가지 문제에 관해서만은 오랫동안 종교에서 자유롭지 못

했어요. 그 문제란 우주가 언제, 어떻게 창조되었느냐 하는 것이었지요. 이 문제는 과학자들이 도전하기에는 너무 어려워 보였을 뿐만 아니라 종교의 문제로 남겨 두는 것이 좋을 것이라고 생각했어요. 교회는 인간 구원의 문제를 다루고 과학은 자연 법칙을 다루는 것으로 그 역할이 구분되어 있었고, 그런 역할 분담은 오랫동안 잘 지켜져 왔었거든요. 많은 사람들은 우주가 언제 어떻게 창조되었느냐 하는 것은 과학의 영역이 아니라 종교의 영역에 속한다고 생각했어요. 과학이 그 문제를 다루게 되면 잘 유지되어 온 과학과 종교 사이의 평화가 깨질지도 모른다고 생각했지요.

그래서 우주의 창조에 대한 해답은 과학이 아니라 성경에서 찾으려고 노력했어요. 성경에는 하나님이 최초로 우주를 창조한 이후 나타났던 많은 선지자와 왕들의 족보가 실려 있어요. 많은 학자들이 성경에 기록되어 있는 아담의 자손들과 선지자, 왕들의 족보를 이용하여 우주가 창조된 시점을 계산해 내려고 노력했어요. 하지만 계산하는 사람에 따라 창조의 날짜는 3,000년이 넘는 차이를 보였지요. 어떤 학자는 우주가 기원전 6904년에 창조되었다고 주장하기도 했고, 어떤 학자는 우주가 기원전 3992년에 창조되었다고 주장했어요.

이런 계산들 중에서 가장 정밀한 것은 1624년 대주교였던 제임스 어셔가 한 것이었어요. 어셔는 성경과 실제 역사를 비교하여 성경의 연대를 정확하게 결정하려고 노력했지요. 그는 성경을 복사하고 번역하는 과정에서 생긴 오차를 줄이기 위해 지중해에 사람을 보내 가장 오래된 성경을 찾도록 하기도 했고, 구약 성경의 연대기를 실제 역사와 연결시키기 위해 많은 문헌을 연구하기도 했어요. 이렇게 많은 계산과 역사 연구를 거쳐 그는 우주가 기원전 4004년 10월 22일 오후 6시에 창조되었다고 발표했어요.

이러한 주장은 성경을 바탕으로 한 것이어서 과학적인 결론이라고 할 수 없었지만 우주 창조에 관한 한 성경이 절대적인 권위를 가지고 있던 당시에는 완전한 사실로 받아들여졌어요. 어셔의 계산은 1710년 영국의 국교회에서 공식적으로

인정했으며, 그 후 성경 번역본 주석에 기록되어 20세기까지 남아 있었어요. 심지어 19세기까지는 과학자, 철학자들도 어셔의 날짜 계산을 받아들였어요. 다시 말해 대부분의 사람들이 우주의 역사는 6,000년 정도라고 믿고 있었지요.

그러나 1859년 다윈(Charles Darwin, 1809~1882)이 《종의 기원》이라는 책을 통해 진화론을 발표하자 기원전 4004년을 창조의 해로 잡는 것에 대해 의문을 제기하는 사람이 과학계에서 나타나기 시작했어요. 진화는 매우 느리게 진행되거든요. 따라서 지구를 포함한 우주의 나이가 6,000년 정도밖에 안 된다는 것은 받아들이기 힘든 것이었지요. 과학자들은 진화론이 옳다면 지구의 나이는 100만 년 또는 10억 년은 되었을 것이라고 생각하고 과학적 방법을 이용해서 지구의 나이를 알아내려고 노력하기 시작했어요.

과학자들은 지구의 나이를 알아내기 위해 여러 가지 방법을 사용했어요. 지질학자들은 퇴적암의 퇴적 비율을 분석해 지구의 나이가 적어도 몇 백만 년은 되었다고 주장했어요. 수백만 년이라는 시간은 우주의 역사에서 보면 아주 짧은 시간이지만 당시 우주의 나이라고 생각했던 6,000년에 비하면 대단히 긴 시간이었지요. 영국 물리학자 켈빈(Baron Kelvin, 1824~1907)은 1897년에 지구의 온도가 현재 온도로 내려가는 데 걸리는 시간을 계산하여 지구의 나이가 적어도 2,000만 년은 되었다는 주장을 내놓기도 했어요. 지구의 나이가 1,000만 년이 넘는다고 주장한 과학자도 있었어요. 그 과학자는 바다가 처음에는 순수한 물로 시작했다고 가정하고 현재 양만큼 소금이 녹으려면 얼마나 시간이 걸릴 지를 계산한 거였지요.

그러다가 20세기에 들어서면서 지구의 나이를 측정하는 획기적인 방법이 개발되었어요. 방사성 동위 원소를 이용하는 방법을 알게 된 것이지요. 원소 중에는 구조가 불안정하여 스스로 깨져서 다른 원소로 바뀌는 원소들이 있어요. 이런 원소들은 방사성 원소라고 불러요. 방사성 원소는 온도, 압력과 같은 외부 환경에 관계없이 일정한 비율로 깨지지요. 이때 깨지고 남은 원소를 방사성 동위 원소라고 해요. 따라서 깨져 나간 원소의 양과 암석 속에 남아 있는 방사성 동위 원소의 양을 비교하면 암석의 나이를 측정할 수 있어요. 여러 암석의 나이를 측정하여 그중에서 가장 오래된 암석의 나이를 지구의 나이로 하는 것이 방사성 동위 원소를 이용한 연대 측정법이에요.

방사성 동위 원소를 이용한 과학자들은 1905년에는 지구의 나이를 5억 년이라고 주장했고, 1907년에는 지구의 나이를 10억 년이 넘는다고 주장했어요. 연대를 측정하는 기술이

과학자의 비밀노트

방사성 동위 원소를 이용한 연대 측정법

방사선을 방출하는 동위 원소(양성자 수는 같으나 중성자 수가 달라 동일한 원자 번호를 갖는 원소의 질량수가 다른 경우)를 방사성 동위 원소라고 한다. 즉, 원자핵이 불안정한 방사성 동위 원소는 방사선을 방출함으로써 다른 종류의 안정된 동위 원소로 변하는 성질을 갖고 있다.

방사성 원소가 붕괴하여 처음 양의 반으로 감소하는데 걸리는 시간을 반감기라고 하는데, 이를 이용하여 지질 연대를 측정할 수 있다. 왜냐하면 방사성 붕괴는 온도나 압력 등의 조건에 관계없이 규칙적으로 일어나기 때문에, 암석에 포함되어 있는 방사성 원소의 붕괴 산물을 측정하여 연대를 측정할 수 있는 것이다.

발전할수록 지구의 나이는 점점 늘어났지요. 따라서 우주의 나이가 훨씬 많을 것이라는 생각을 가지게 되었어요. 심지어 과학자들은 우주의 나이는 무한대일지도 모른다고 생각하게 되었어요. 우주의 나이가 무한하다는 것은 과학자들에게 아주 좋은 소식이었어요. 왜냐하면 우주가 언제 창조되었는지 그리고 어떻게 창조되었는지와 같은 골치 아픈 문제를 더 이상 고민하지 않아도 됐기 때문이지요. 또한 그것은 우주의 창조 과정을 설명하기 위해 신을 등장시키지 않아도 된다는 것을 뜻했어요.

따라서 20세기 초의 과학자들은 우주는 영원하며 전체적

으로 변함이 없다는 그들의 우주론에 매우 만족했어요. 전체적으로 변함이 없다는 것은 부분적으로는 여러 가지 변화가 일어날 수 있지만 큰 모습은 변함이 없다는 뜻이에요. 하지만 이러한 영원한 우주 이론이 과학적으로 옳다는 증거를 가지고 있었던 것은 아니었어요. 우주의 나이가 수십억 년도 넘을 거라는 증거는 있었지만, 그것이 우주의 나이가 무한대라는 것을 증명할 수 있는 증거라고 할 수는 없었어요. 따라서 우주가 영원하다는 주장은 어쩌면 과학적 주장이 아니라 20세기 초에 나타났던 또 하나의 전설에 지나지 않는다고 할 수도 있을 거예요.

하지만 많은 과학자와 철학자들은 우주가 영원하다는 새로

운 주장을 과학적 사실로 받아들였어요. 그러니까 20세기의 우주론에 대한 연구는 우주가 영원하다는 믿음을 깨고 우주의 역사를 새로 쓰는 일이었다고 할 수 있어요. 그것은 우주의 나이가 6,000년 정도 되었다는 성경의 주장을 반박하는 것보다 더욱 어려운 작업이었지요. 우주가 영원하다는 생각은 과학적 근거가 전혀 없는 주장이었지만 과학적인 것처럼 보였기 때문이었어요.

우주의 구조에 대해 본격적인 연구를 시작한 사람은 아인슈타인(Albert Einstein, 1879~1955)이었어요. 따라서 아인슈타인은 현대 우주론의 아버지라고 할 수 있어요. 그는 1915년에 새로운 중력 이론인 일반 상대성 이론을 발표하고 이를 바탕으로 우주의 구조에 대한 연구를 시작했어요. 아인슈타인은 일반 상대성 이론을 바탕으로 방정식을 세워서 우주의 구조에 대한 해답을 찾아냈어요. 하지만 매우 실망스럽게도 그가 찾아낸 해답에 의하면 우주는 팽창하거나 수축하고 있어야 했어요.

우주에 존재하는 모든 질량들 사이에 중력이 작용하면 우주는 한 점을 향해 뭉쳐야 해요. 서로 잡아당기는 힘이 작용하는데 뭉치지 않으면 이상하지 않겠어요? 따라서 뭉치지 않기 위해서는 모든 물질이 빠른 속도로 멀어지고 있어야 해요. 이것은 공중으로 돌을 던져 보면 쉽게 알 수 있어요. 돌을 공중으로 던지면 위로 올라가다가 다시 아래로 떨어져요. 다시 말해 돌은 위로 올라가거나 아래로 떨어지는 상태에 있어야지 공중에 떠 있는 상태로는 있을 수 없다는 것이지요. 중력이 없다면 공중에 떠 있을 수도 있을 거예요. 하지만 중력이 있는 한 돌은 위로 올라가거나 떨어지는 상태, 즉 움직이는 상태로만 있어야 해요.

마찬가지로 우주에 있는 질량 사이에도 중력이 작용하고 있으므로 우주의 물질은 서로 가까이 다가가거나 멀어지는 상태에 있어야 한다는 것이지요. 하지만 멀어지거나 다가오는 상태에 있는 우주는 영원한 우주가 될 수 없어요. 돌이 위를 향해 올라가거나 내려오는 상태에 있을 수는 있지만 그런 상태는 오래 지속될 수 없지요. 땅에 떨어져 버리거나 하늘 높이 날아가 버리게 되니까요. 우주도 마찬가지예요. 우주가 멀어지는 상태, 또는 다가오는 상태에 있다면 모든 것이 아주 멀리 떨어져 버리거나 한 점으로 모두 뭉치거나 둘 중 하나일 거예요. 그런 우주는 영원한 우주라고 할 수 없지요.

아인슈타인은 우주는 영원하다고 믿고 있었어요. 따라서 자신이 찾아낸 결과를 받아들일 수가 없었어요. 그래서 그는 해답을 고쳤어요. 올바른 방정식을 풀어서 나온 올바른 해답

이었지만 자신이 믿고 있는 우주의 모습과 달랐으므로 해답을 고칠 수밖에 없었던 것이지요. 아인슈타인은 자신의 해답을 살짝 고쳐 영원한 우주가 되도록 했어요. 그가 자신이 구한 해답을 영원한 우주에 맞도록 고치기 위해 더한 부분을 '우주 상수'라고 불러요. 따라서 우주 상수를 더해 영원한 우주에 맞는 답을 찾아낸 아인슈타인은 새로운 우주론을 발표했어요. 대부분의 사람들은 아인슈타인이 제시한 해답에 만족했어요. 우주는 영원하다는 생각을 그대로 받아들인 해답이었으니까요.

그러나 아인슈타인이 고친 해답을 좋아하지 않는 사람이 나타났어요. 그 사람은 바로 내가 앞에서 이야기했던 소련의 프리드만이었어요. 1888년 러시아의 상트페테르부르크에서 태어난 프리드만은 제1차 세계 대전과 1917년에 있었던 러시아 혁명, 혁명 후의 내전 동안 군대에서 시간을 보내야 했어요. 따라서 프리드만은 다른 사람들보다 몇 년이나 늦게 아인슈타인의 일반 상대성 이론을 접할 수 있었어요. 프리드만이 아인슈타인의 우주에 대한 설명을 무시하고 나름대로의 우주론을 펼칠 수 있었던 것은 당시 소련이 유럽으로부터 어느 정도 고립되어 있었기 때문일 거예요.

아인슈타인이 우주는 영원하다는 생각에 맞추기 위해 자신의 해답을 고친 반면 프리드만은 자신이 풀어낸 방정식의 해답을 고집했어요. 그러고는 우주는 팽창하거나 수축하고 있어야 한다고 주장했지요. 이것이 1922년의 일이었어요. 내가 상트페테르부르크로 간 것이 1923년이니까 프리드만이 그의 우주론을 발표한 직후였지요. 상트페테르부르크에 간 나는 프리드만을 만나 그의 우주론에 대해 직접 들을 수가 있었어요. 하지만 당시 나는 우주론보다 핵물리학 분야에 더 큰 흥미를 느끼고 있었기 때문에 그의 이론에 큰 관심을 가지지는 않았어요. 그때는 내가 그의 우주론이 사실이라는 것을 증명하기 위해 20여 년의 세월을 보내리라고는 상상도 못 했지요.

프리드만은 자신의 해답을 바탕으로 우주에 충분히 많은 별들이 포함되어 있어서 우주의 평균 밀도가 높으면 중력이 커지므로 결국은 우주가 한 점으로 다시 뭉치게 될 것이고, 별들의 수가 충분히 많지 않으면 중력이 작아 우주는 영원히 팽창할 것이라고 주장했어요. 결국 우주가 계속 변해간다는 것을 뜻하는 것이었지요. 따라서 우주는 영원하고 변함이 없다는 생각과 다른 것이었어요.

이러한 프리드만의 생각을 전해 들은 아인슈타인은 프리드만의 생각이 틀렸다고 단정했어요. 아인슈타인의 지지를 받지 못하자 프리드만의 생각에 동조하는 사람이 거의 없었어

요. 따라서 프리드만의 새로운 우주론은 널리 알려지지 않은 채 사람들의 관심에서 멀어졌지요. 더구나 프리드만은 37살이던 1925년에 장티푸스에 걸려 죽었기 때문에 팽창하는 우주론은 더 이상 연구할 수 없게 되었지요. 따라서 우주가 과거 어느 시점에 창조되어 팽창하고 있다는 프리드만의 우주론은 사람들의 관심을 끌지 못하고 역사 속으로 묻히게 되었어요.

그러나 우주가 팽창하고 있다는 우주론은 다른 사람에 의해 다시 제기되었어요. 벨기에의 신부이면서 천문학자였던 르메트르(Georges Lemaitre, 1894~1966)가 독자적으로 일반상대성 이론에서 얻은 방정식을 풀어 팽창하는 우주론을 주장한 거예요. 그는 프리드만이 팽창하는 우주론을 주장했었다는 사실을 전혀 모르고 있었어요. 물리학과 신학을 동시에 공부하여 1923년에 신부가 된 르메트르는 신부가 된 후에도 물리학 연구를 게을리하지 않았어요. 보통 사람들은 신부나 과학자 중에서 하나만 하기도 어려운데 르메트르는 두 가지 일을 모두 훌륭히 해냈지요.

그는 우주가 팽창하고 있다면 과거의 우주는 현재의 우주보다 작았을 것이라고 생각했어요. 따라서 더 먼 과거로 거슬러 올라가면 우주가 아주 작아서 하나의 원자만큼 작았던 시기가 있었을 것이라고 생각했지요. 르메트르는 우주의 모든 것이 들어 있는 이 원자를 원시 원자라고 불렀어요. 그는 이 원시 원자가 방사성 붕괴를 하듯이 붕괴되면서 우리 우주가 시작되었다고 주장했어요.

르메트르는 1927년 그의 새로운 우주론을 〈원시 원자 가설〉이라는 제목의 논문으로 발표했어요. 발표 직후, 브뤼셀에서 열린 솔베이 회의에서 아인슈타인을 만났지요. 르메트르는 아인슈타인에게 자신의 우주론을 설명했어요. 아인슈타인은 이미 프리드만에게 들어서 그런 우주론을 알고 있지만, 그런 우주는 있을 수 없다고 단정해 버렸어요. 우주가 팽창하고 있다는 르메트르의 생각은 더 이상 생각해 볼 가치도 없다는 것이

었지요.

당시 아인슈타인은 최고의 권위를 가지고 있는 과학자였기 때문에 그가 인정하지 않는다는 것은 과학계 전체가 인정하지 않는다는 것을 뜻했어요. 르메트르는 이 사건으로 크게 실망하여 더 이상 우주론을 연구하지 않기로 했어요. 그러나 그는 우주가 팽창하고 있다는 것을 믿고 있었어요. 하지만 세상은 아인슈타인의 영원한 우주론을 받아들이고 있었지요. 적당히 수정하여 영원한 우주를 설명할 수 있는 아인슈타인의 우주는 많은 사람들의 생각과 잘 맞았기 때문이지요.

이제 누군가 나타나서 우주가 팽창하고 있다는 것을 밝혀내기 전까지는 항상 같은 상태로 영원히 존재한다는 우주론을 부정할 방법이 없었지요. 그런데 관측을 통해 우주가 실제로 팽창하고 있다는 것을 밝혀낸 사람이 나타났어요. 이러한 일을 하는 데는 19~20세기에 있었던 망원경의 발달이 중요한 역할을 했지요. 망원경의 발달로 먼 우주를 볼 수 있게 되면서 우주에 대한 새로운 사실을 많이 알게 되었거든요. 그런 사실들 중에는 우주가 팽창하고 있다는 증거도 들어 있지요.

만화로 본문 읽기

선생님, 예전 사람들은 우주의 창조에 대해서 어떻게 생각했었나요?
예전에는 우주의 창조에 대한 해답을 과학이 아니라 성경에서 찾으려고 노력했어요.

1624년, 어셔는 성경을 바탕으로 우주 창조일을 계산했지요.
그런데 성경을 바탕으로 한 주장은 과학적인 결론하고는 다른 것 아닌가요?
우주는 기원전 4004년 10월 22일 오후 6시에 창조되었다.
맞아요. 하지만 우주 창조에 관한 한 성경이 절대적인 권위를 가지고 있던 당시에는 완전한 사실로 받아들여졌어요.
그럼 언제부터 우주 창조에 관한 의견에 변화가 생겼나요?
어셔의 계산을 공식적으로 인정하노라.

1859년 다윈이 《종의 기원》에서 진화론을 발표하자, 기원전 4004년을 창조의 해로 잡는 것에 대해 의문을 제기하는 사람이 나타나기 시작했죠.
그럼 창조의 해는 틀린 얘긴가?
종의 기원
과학자들은 진화론이 옳다면 지구의 나이를 과학적 방법으로 알아내려고 했겠네요?

네. 연대 측정 기술이 발전할수록 지구 나이는 점점 늘었고, 심지어 무한대일지도 모른다고 생각하게 되었지요.
그런 생각이 과학적인 건가요?
우주의 나이는 무한대?

우주가 영원하다는 생각은 전혀 과학적 근거가 없는 주장이었지만 과학적인 것처럼 보였지요.
그래서 20세기에는 우주가 영원하다는 믿음을 깨고 우주의 역사를 새로 쓰는 일을 했군요.
새로 쓰는 우주의 역사
20세기

세 번째 수업

3

더 큰 망원경을 만들어라

망원경으로 처음 하늘을 관찰한 사람은 누구일까요?
망원경과 우주론의 관계에 대해 알아봅시다.

3

세 번째 수업

더 큰 망원경을 만들어라

교과연계

초등 과학 5-2	7. 태양의 가족
중등 과학 2	3. 지구와 별
중등 과학 3	7. 태양계의 운동
고등 지학 I	3. 신비한 우주
고등 지학 II	4. 천체와 우주

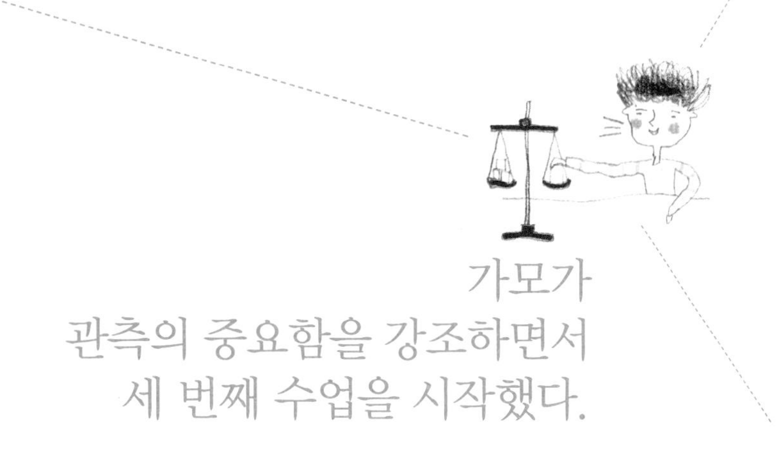

가모가 관측의 중요함을 강조하면서 세 번째 수업을 시작했다.

아인슈타인과 프리드만 그리고 르메트르는 서로 다른 우주론을 주장했지만 그들이 사용한 방법은 같았어요. 일반 상대성 이론을 바탕으로 한 방정식을 풀어서 답을 찾아내는 것이었지요. 따라서 다른 과학자가 서로 다른 답을 찾아냈을 때 어느 답이 맞는지를 판단해 줄 수 있는 것은 관측 증거밖에 없어요. 천문학에서 관측이 중요한 것은 이 때문이에요. 우주론의 논쟁에서 최종 심판자가 되는 것은 망원경을 이용하는 관측 천문학자들이에요. 그러니까 앞으로 이야기할 우주론 사이의 싸움에서도 망원경을 사용하는 관측 천문학자들

은 구경꾼이 아니라 심판자의 역할을 하게 되지요.

따라서 천문학의 역사나 우주론의 이야기에서 망원경의 발달에 관한 내용은 빼놓을 수가 없어요. 망원경을 사용하여 하늘을 관측하기 시작하면서 사람들은 우주에 대해 새로운 사실들을 많이 알게 되었어요. 망원경을 이용하여 하늘을 처음 관측하기 시작한 사람이 갈릴레이였다는 것은 잘 알려진 사실이에요. 갈릴레이가 망원경을 처음 만든 사람은 아니에요. 처음 망원경을 만든 사람은 네덜란드의 리페르세이(Hans Lippershey, 1570~1619)라는 사람이었다고 알려져 있어요. 그는 망원경을 발명한 후 그것이 군사용으로 사용될 수 있을 것이라고 생각하고, 군대 책임자들과 망원경에 대해 의논하였어요. 군대 책임자들은 망원경 제작 방법을 비밀로 하라고 지시했지요. 먼 곳에 있는 적을 먼저 발견할 수 있는 망원경을 제작하는 방법은 당시로서는 고급 군사 비밀이었거든요.

하지만 망원경을 만들었다는 소문은 널리 퍼져 나갔고, 네덜란드와는 멀리 떨어진 이탈리아에서 활동하고 있던 갈릴레이에게도 전해졌어요. 망원경에 대한 이야기를 전해 들은 갈릴레이는 즉시 망원경 제작에 착수하여 리페르세이가 만든 망원경보다 더 성능이 좋은 망원경을 만들었어요. 그런데 갈릴레이가 성능이 좋은 망원경을 만들었다는 것보다 중요

한 사실은 망원경을 천체 관측에 이용하기 시작했다는 것이었어요. 당시에는 코페르니쿠스의 지동설이 나와 있었지만 지구가 실제로 태양 주위를 돌고 있을 것이라고 생각하는 사람은 거의 없었어요. 그러나 갈릴레이가 망원경을 하늘로 돌리자 거기에는 지구가 실제로 태양 주위를 돌고 있다는 증거들이 많이 있었어요.

목성의 위성들이 목성 주위를 돌고 있는 것은 모든 천체가 지구 주위를 돌고 있지 않다는 확실한 증거가 되었고, 달에도 산과 골짜기가 있는 것은 천체와 지구의 생김새가 전혀 다르다는 고대의 생각을 부정하는 것이었지요. 갈릴레이는 망

원경 관측을 통해 태양의 흑점도 발견하였는데 흑점의 수가 달라지는 것은 하늘에도 변화가 있을 수 있다는 증거가 되었어요. 고대인들은 하늘이 완전한 세상이어서 변화가 있을 수 없다고 했었거든요. 갈릴레이가 망원경을 이용하여 관측한 것 중에서 금성의 위상 변화는 특히 중요한 의미를 가지지요. 금성의 모양이 반달 모양에서 초승달 모양으로 바뀌는 변화는 지구와 금성이 태양 주위를 돌고 있다는 확실한 증거가 되었으니까요.

갈릴레이 이후 더 좋은 망원경을 만들고 이를 이용해 하늘을 관측한 가장 위대한 천문학자는 1738년 독일의 하노버에서 태어난 허셜(William Herschel, 1738~1822)이라고 할 수 있어요. 허셜은 아버지를 따라 하노버 경비대 악단의 오보에 연주자로 활동했어요. 그러나 1757년에 전쟁에 참가하였다가 영국으로 망명했지요. 전쟁의 비참함을 직접 체험한 허셜은 전쟁이 없는 곳에 가서 조용히 음악가로서 살아가기로 결심했기 때문이었어요. 영국에 온 허셜은 음악 선생, 지휘자, 작곡가, 그리고 뛰어난 오보에 연주자로 편안한 생활을 할 수 있었어요. 하지만 세월이 지나면서 차츰 천문학에 관심을 가지게 되었고 결국 천문학자로 직업을 바꾸었지요.

허셜은 1781년에 자기 집 뒷마당에 여러 가지 잡동사니를 조립하여 만든 망원경을 이용하여 역사상 가장 유명한 발견을 하였어요. 천왕성을 발견한 것이지요. 수천 년 동안 천문학자들은 맨눈으로 볼 수 있는 5개의 행성(수성, 금성, 화성, 목성, 토성)이 행성의 전부인 것으로 생각했어요. 그런데 허셜이 망원경을 이용하여 맨눈으로 볼 수 없었던 새로운 행성을 찾아낸 거예요. 이것은 단순히 새로운 행성 하나를 더 발견했다는 것 이상의 의미를 가지는 일이었어요. 천왕성의 발견은 태양계에 대해 모두 알고 있다고 생각하던 당시의 믿음을 무너뜨리는 사건이었지요. 천왕성의 발견은 그 후 이루어진 해왕성과 소행성 등 태양계 내에 있는 다른 천체들을 발견하

허셜의 망원경

는 계기가 되었어요.

당시 유럽에는 많은 천문대들이 있었어요. 하지만 뒷마당에서 직접 만든 망원경으로 관측하던 허셜이 많은 예산을 사용하는 유럽의 대규모 천문대에서 하지 못했던 일을 해낸 것이었지요. 조수로 일했던 허셜의 누이 캐롤라인 역시 허셜의 성공적인 관측에 중요한 역할을 했어요. 천체 관측에서 제일 중요한 천체의 사진을 찍고 분석하는 작업을 캐롤라인이 맡았기 때문이에요. 천체의 사진을 분석하며 태양계의 7번째 행성을 발견한 캐롤라인은 허셜을 보조하는 일에 매우 적극적이었지요. 허셜은 망원경 제작법을 스스로 터득하여 세상에서 가장 훌륭한 망원경을 제작했어요. 당시 영국 왕립 천문대에서 사용하던 망원경의 배율은 270배였던 데 비해 허셜이 제작한 망원경의 배율은 2,010배나 되었다고 해요.

망원경에서는 배율도 중요하지만 그보다 더 중요한 것은 빛을 모으는 능력이에요. 망원경은 멀리 있는 별에서 오는 희미한 빛을 모아 선명한 상을 만들고 이 상을 확대하여 보는 장치거든요. 따라서 먼 곳에 있는 별을 자세히 관측하기 위해서는 별에서 나오는 빛을 가능하면 많이 모을 수 있어야 해요. 빛을 모으는 능력은 렌즈나 거울의 지름(구경)에 의해 결정되지요. 망원경에서 배율보다 구경이 중요한 것은 이 때문이지요.

1789년에 허셜은 구경이 1.2m나 되는 반사경을 가진, 세계에서 가장 큰 망원경을 제작했어요. 이 망원경의 길이는 12m나 되었어요. 하지만 다루기 어렵도록 만들어졌기 때문에 관측하는 시간보다 원하는 방향으로 망원경을 정렬하는 데 시간이 많이 걸렸지요. 따라서 이 망원경은 명성에 비해 그리 쓸모가 있지는 않았어요. 더 좋은 망원경을 만들어 더 멀고 선명한 하늘을 보려고 했던 허셜의 노력은 그의 아들 존 허셜(John Herschel, 1792~1871)에게로 이어졌어요. 존 허셜도 많은 천체 관측을 했고 아버지가 관측한 자료들과 자신의 관측 자료를 모아 자세한 천체 목록을 만들었어요.

더 큰 망원경을 만들려는 노력은 아일랜드의 귀족이었던 파슨스(William Parsons, 1800~1867)로 이어졌어요. 로스 경이라고도 불리는 파슨스는 집안이 부유했기 때문에 아무런 걱정 없이 일생을 취미로 천문학을 할 수 있었던 운 좋은 사람이었어요. 그는 세계에서 가장 크고 훌륭한 망원경을 제작하기로 마음먹었어요. 그러고는 직접 망원경 제작을 시작했지요. 구경이 1.8m이고 무게가 3톤이나 되는 반사경을 만드는 재료를 녹이는 데 필요한 석탄만 해도 수천 톤이나 되었지요. 3년이라는 제작 기간과 많은 경비를 사용한 후, 파슨스는

파슨스가 만든 망원경

1845년에 길이가 16.5m나 되는 거대한 망원경을 완성하고 관측을 시작했어요.

하지만 공교롭게도 이 시기는 아일랜드에 흉년으로 양식이 모자라 많은 사람들이 굶주리던 시기였어요. 그래서 파슨스는 천체 관측을 중지하고 그의 시간과 돈을 지역 사회를 돕는 데 사용했고, 소작인들로부터 소작료도 받지 않았어요.

몇 년 후에 파슨스는 다시 천체 관측을 시작했지요. 그는 이러한 노력의 대가로 그때까지 누구도 보지 못했던 하늘 풍경을 감상할 수 있었어요. 단 하나의 문제는 이 거대한 망원경이 구름이 많고 날씨가 흐리기로 유명한 아일랜드의 한가운데 위치해 있다는 것이었어요. 그러나 구름 사이에서 그는 성운의 아주 자세한 모습을 관찰할 수 있었어요. 현재는 은하로 알려진 M51 성운을 자세하게 관측한 그는 이 성운이 나선 구조를 가지고 있다는 것을 밝혀냈어요. 이 성운은 소용돌이와 닮았다는 이유로 소용돌이 성운이라는 별명을 갖게 되었어요.

더 큰 망원경을 제작하는 일에 누구보다 앞장섰던 사람은 미국의 헤일(George Hale, 1868~1938)이었어요. 헤일은 영국의 허셜이나 아일랜드의 파슨스보다 훨씬 더 망원경에 대한 집착이 강한 사람이었어요. 헤일은 1868년에 시카고에 있는 노스 라살레가에서 태어났어요. 그의 가족은 엘리베이터를 제작하는 사업을 해서 많은 돈을 벌었지요. 프랑스 파리의 명물인 에펠 탑의 엘리베이터도 헤일 아버지의 회사에서 제작했어요. 따라서 헤일의 아버지는 망원경에 관심을 가지고 있는 어린 헤일을 충분히 지원해 줄 수 있었어요. 그래서 헤일은 어려서부터 망원경을 제작하고 조립하는 것을 취미로 하면서 자랄 수 있었지요.

어른이 된 헤일은 본격적으로 망원경을 제작하기 시작했어요. 청소년 시절의 취미가 어른이 된 후에는 직업이 된 것이지요. 헤일이 본격적으로 시작한 첫 번째 망원경 제작은 망원경 제작을 도중에 포기한 천문학자로부터 렌즈를 구입하

면서부터였어요. 헤일은 렌즈들을 조합하여 구경 1m짜리 굴절 망원경을 제작하기로 하고, 천체 관측에 필요한 모든 시설도 갖추기로 마음먹었어요.

하지만 이 일에는 엄청난 돈이 필요했어요. 이것은 아버지의 지원으로는 가능한 일이 아니었어요. 헤일은 망원경 제작에 필요한 돈을 대 줄 사람을 찾아 나섰어요.

헤일은 수송업자로 많은 돈을 모았던 찰스 타이슨 여키스에게 새로운 망원경과 관측소를 건축하는 데 필요한 비용을 지원해 달라고 요청하였어요. 헤일은 부유한 부동산 투자가인 제임스 릭이 캘리포니아에 릭 천문대를 설립했다는 사실을 이야기하고, 천문 관측소 설립에 돈을 투자하는 것은 아주 보람된 일이라고 설득했지요. 그러고는 릭 천문대보다 훌륭한 천문대를 세우자고 부추겼어요. 헤일의 끈질긴 설득에 여키스는 50만 달러를 내놓았어요. 50만 달러는 당시로서는 아주 큰돈이었지요. 헤일은 이 돈으로 시카고 대학에 여키스 천문대를 설립하였어요. 여키스 천문대는 시카고 북쪽 120km 지점의 윌리엄 만 부근에 위치해 있어요. 길이가 20m이고 무게가 6톤이나 되는 이 망원경은 1897년에 제작되어 아직까지도 사용되고 있지요.

그러나 헤일은 이 망원경으로 만족하지 않았어요. 10년 후 그는 카네기 연구소로부터 자금을 지원받아 캘리포니아의 파사데나 부근에 있는 윌슨 산에 구경 1.5m짜리 망원경을 설치했어요. 이번에는 렌즈 대신 거울을 이용했어요.

망원경에서 빛을 모으는 기능의 대물 렌즈는 대부분 볼록 렌즈예요. 그런데 오목 거울도 볼록 렌즈처럼 빛을 모을 수 있지요. 망원경 중에는 이런 점을 이용해서 대물 렌즈로 오목 거울을 이용하는 망원경도 있어요. 이런 망원경을 반사 망원경이라고 불러요. 볼록 렌즈를 대물 렌즈로 사용하는 망원경은 굴절 망원경이지요. 오목 거울을 사용한 이유는 볼록 렌즈를 사용하면 지름이 1.5m나 되는 렌즈의 무게를 이기지 못하고 망원경이 휘어지기 때문이었어요. 만족할 줄 모르고 항상 최고만을 추구했던 헤일은 망원경 제작과 관련된 많은 일을 관리하고 감독하느라 건강을 해쳤어요. 엄청난 스트레스로 인해 정신 이상에 시달려 요양소에서 몇 달을 보내기도 했지요.

그러나 그는 더 큰 망원경을 제작하는 일을 중단하지 않았어요. 그는 곧 윌슨 산에 구경 2.5m짜리 망원경을 제작하는 작업을 시작했어요. 거울을 만들기 위해 그는 프랑스에서 5톤이나 되는 유리 원반을 들여와야 했어요. 이 일을 추진하는 것은 매우 어려운 일이었어요. 따라서 헤일의 건강은 더

욱 나빠졌고, 이 프로젝트는 실패로 끝나는 것이 아닌가 염려하는 사람도 많아지게 되었어요. 하지만 이런 상황에서도 로스앤젤레스의 부자 존 후커의 재정적 지원을 받은 구경 2.5m짜리 망원경은 1917년에 완성되어 후커 망원경이라고 불리게 되었어요.

후커 망원경의 제작이 완료된 1917년 11월 1일에 헤일은 첫 번째로 이 망원경을 사용하는 영예를 누릴 수 있었지요. 하지만 망원경을 통해 목성을 본 순간 헤일은 깜짝 놀랐어요. 목성이 6개의 유령 행성과 겹쳐 있는 것처럼 보였기 때문이에요. 망원경에 문제가 있었던 것이었지요. 얼마나 힘들게 만든 망원경인데 문제가 있다니, 그야말로 청천벽력 같은 일이었지요. 그때 주위에 있던 사람들이 여러 가지 의견을 내놓았어요. 그중 한 사람은 작업을 하던 인부들이 망원경 설치 작업을 마무리하면서 낮 동안 지붕을 열어 놓았던 것이 원인일 것이라고 지적했어요. 햇빛이 거울을 뜨겁게 했고 그것 때문에 거울이 팽창하여 이런 일이 일어난 것이라는 의견이었지요.

헤일을 비롯한 천문학자들은 거울이 충분히 식을 것이라고 생각되는 새벽 3시까지 기다렸어요. 드디어 새벽이 되어 헤일이 망원경을 들여다보았어요. 망원경 속의 하늘은 아주 깨

끗했어요. 후커 망원경은 다른 망원경으로는 볼 수 없었던 희미한 성운까지 볼 수 있었어요. 이 망원경의 성능은 1만 5,000km 밖에 떨어져 있는 촛불을 감지할 수 있을 정도였어요. 앞으로 이야기할 많은 중요한 발견은 이 망원경을 통해 이루어졌어요. 헤일이 만든 이 망원경 덕분에 윌슨 산은 한동안 세계 천문학의 중심지가 되었어요. 1900년대 중반에 이루어진 대부분의 위대한 발견이 이곳에서 이루어졌거든요. 우주가 팽창하고 있다는 사실을 밝혀낸 것도 윌슨 산의 망원경 덕분이었어요.

그러나 이 망원경마저도 헤일을 만족시킬 수는 없었지요. 헤일은 더 많은 빛을 모으기 위해 팔로마 산에 구경이 5m나 되는 망원경 제작을 시작했어요. 헤일의 망원경에 대한 집념이 어느 정도였는지 짐작이 갈 거예요. 그러나 헤일은 구경이 5m인 망원경이 완성될 때까지 살지 못했어요. 하지만 이 망원경은 헤일이 죽은 후에 완성되어 헤일 망원경이라고 불리게 되었어요.

요즘에는 수많은 대형 망원경이 전 세계에 설치되어 우주 전체를 살펴보고 있지요. 게다가 가시광선만을 이용해서 우주를 관측하는 것도 아니에요. 천체들은 우리가 눈으로 볼 수 있는 가시광선 외에도 여러 가지 종류의 전자기파를 냅니

팔로마 산에 있는 헤일 망원경

다. 이러한 전자기파에는 그 천체에 대한 여러 가지 정보들이 들어 있어요. 따라서 가시광선을 이용하여 관측하는 것보다 훨씬 많은 정보를 알아낼 수 있지요. 전파 망원경, 적외선 망원경, 자외선 망원경, 엑스선 망원경, 감마선 망원경은 모두 해당 전자기파를 이용하여 천체를 관측하는 망원경들이에요.

하지만 아무리 성능이 좋은 망원경을 만들어도 지상에서는 지구를 둘러싸고 있는 대기의 방해로 정밀한 관측이 가능하지 않아요. 따라서 대기의 방해를 받지 않고도 관측이 가능하도록 대기권 밖을 돌고 있는 인공위성 위에 망원경을 설치하려는 노력도 계속되고 있어요. 대기권 밖으로 나가 대기의 방해를 받지 않고 우주를 관측하려는 생각을 하기 시작한 것은 1940년대부터였어요. 그러나 실제로 허블 망원경이 지구 궤도에 올려진 것은 1990년 4월 25일 우주 왕복선 디스커버리호에 의해서였어요. 허블 망원경은 구경이 2.4m인 반사 망원경으로 지상 600km 상공에서 95분마다 한 번씩 지구를 돌면서 우주의 생생한 모습을 과학자들에게 전해 주고 있어요.

처음에는 허블 망원경을 지구 궤도에 올려서 일정 기간 작동시킨 다음에 지상으로 회수하여 수리하기로 계획되어 있었지요. 그러나 얼마 후 계획이 바뀌었어요. 3년에 한 번씩 우주인들이 우주 왕복선을 타고 허블 망원경을 찾아가 수리하기로 한 것이지요. 이러한 계획에 따라 1993년에 허블 망원경에 대한 첫 번째 우주 수리가 이루어져 망원경의 성능이 대폭 향상되었어요. 그 후 허블 망원경은 상상도 할 수 없었던 우주에 대한 세밀한 정보를 제공해 주었고, 이러한 정보들은 현대 우주론의 사실성을 밝히는 데 중요한 역할을 하게 되었지요. 현재 우리가 인터넷이나 책에서 볼 수 있는 선명한 우주 사진들의 대부분은 허블 망원경이 찍은 사진이지요.

지구 궤도에는 허블 망원경 외에도 여러 개의 망원경이 올

허블 망원경

려져 있어요. 이들 중에는 가시광선과는 다른 파장의 전자기파를 관측하는 망원경이 많이 있어요.

엑스선이나 감마선과 같이 파장이 짧은 전자기파는 대기의 방해를 더 많이 받기 때문에 대기권 밖에 나가 관측하는 것이 훨씬 유리하거든요. 이런 망원경들의 활동 덕분에 우리는 우주의 과거와 현재 그리고 미래에 대해 아주 많은 것을 알게 되었답니다.

우주론은 우주가 어떻게 시작되었고, 어떤 진화 과정을 거쳐 현재에 도달했는지, 그리고 앞으로 우주가 어떻게 변화될지를 설명하는 이론이에요. 이런 이론들이 옳은 것인지 그른 것인지를 알 수 있는 유일한 방법은 우주를 직접 관측하는 방법밖에 없어요. 따라서 우주론의 발전은 망원경과 관계된 기술의 발전이 없었다면 불가능했을 거예요. 망원경의 기술은 더 크고 성능이 좋은 망원경을 제작하기 위해 자신의 일생을 바친 몇몇 선구적인 과학자들에 의해 크게 앞당겨진 거예요.

만화로 본문 읽기

갈릴레이가 망원경으로 하늘을 처음 관측했다고 하던데, 그럼 갈릴레이가 망원경을 처음 만든 사람인가요?
처음 망원경을 만든 사람은 네덜란드의 리페르세이라는 사람이에요.

네 번째 수업

4

우주의 거리를 측정하라

우주의 거리는 어떻게 잴까요?
우주의 거리를 측정할 수 있는 방법에 대해 알아봅시다.

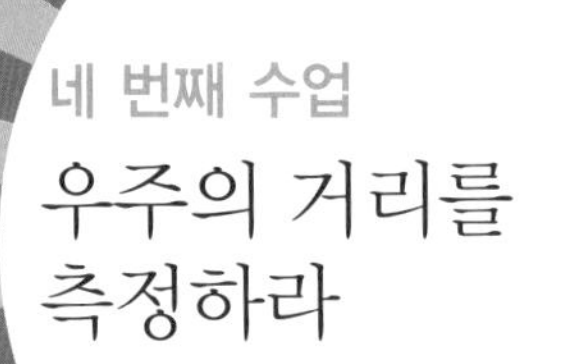

네 번째 수업

우주의 거리를 측정하라

교과연계

초등 과학 5-2	7. 태양의 가족
중등 과학 2	3. 지구와 별
중등 과학 3	7. 태양계의 운동
고등 지학 I	3. 신비한 우주
고등 지학 II	4. 천체와 우주

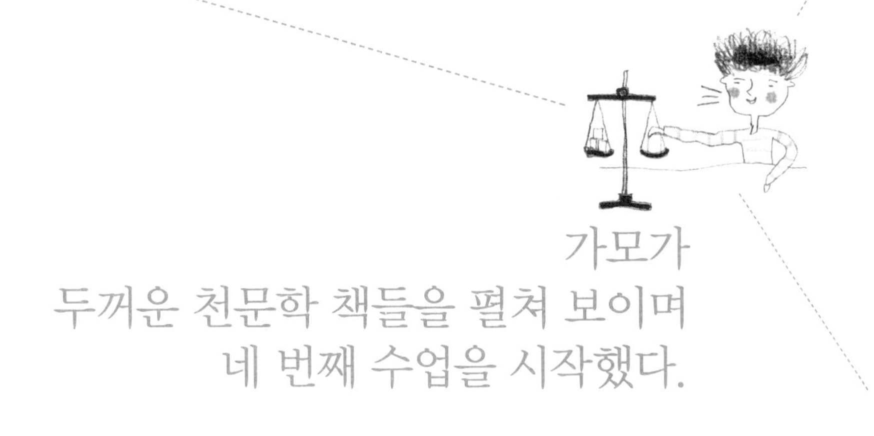

가모가
두꺼운 천문학 책들을 펼쳐 보이며
네 번째 수업을 시작했다.

천문학과 관련된 책을 읽다 보면 아주 큰 숫자들이 등장하는 것을 자주 볼 수 있었을 거예요.

우주의 거리는 보통 광년이라는 단위를 이용하여 나타내지요. 1광년은 빛이 1년 동안 달린 거리예요. 1초에 30만 km를 달리는 빛이 1년 동안 달리는 거리라면 얼마나 먼 거리일까요? 지구에서 태양까지의 거리는 약 1억 5,000만 km인데 빛은 이 거리를 8분 20초 만에 달리지요. 따라서 1광년은 우리가 상상할 수 없을 정도로 먼 거리지만 별까지의 거리 역시 상상할 수 없을 만큼 먼 거리지요. 밝게 보여서 가까이 있는

과학자의 비밀노트

광년

빛이 진공 속에서 1년 동안 진행한 거리로 천체 사이의 거리를 나타낼 때 사용한다. 빛은 진공 속에서 1초 동안 약 30만 km를 진행하므로, 1년에 도달하는 거리는 약 9.46×10^{12}km이며, 이 거리를 1광년이라 한다. 기호는 light year를 줄여서 ly 또는 lyr로 나타낸다.

듯 보이는 별들도 대개 수십 광년 정도 떨어져 있어요. 빛의 속도로 수십 년을 달려야 도달하는 거리에 있다는 것이지요.

하지만 우리 은하 밖에 있는 다른 은하까지의 거리는 별까지의 거리와는 비교도 할 수 없을 정도로 멀어요. 가장 가까이 있는 은하도 수십만 광년이나 떨어져 있고, 먼 곳에 있는 은하는 수십억 광년이나 떨어져 있어요. 빛이 수십억 년 동안 달려가야 하는 거리를 상상이나 할 수 있겠어요? 그런데 천문학 책에는 이런 숫자들이 자주 등장해 읽는 사람들을 어리둥절하게 하지요. 그렇다면 이런 숫자들은 어떻게 나오게 되었을까요? 다시 말해 우주에서의 거리는 어떻게 잴까요?

따라서 천문학에서 이런 숫자들이 가지는 의미를 이해하기 위해서는 우주에서 거리를 어떻게 측정하는지 아는 것이 중요할 거예요.

별까지의 거리를 측정하는 일을 처음 시작한 사람은 스스로 망원경을 제작하여 천왕성을 발견했던 허셜이었어요. 허셜은 별까지의 거리를 측정하기 위해 모든 별들의 실제 밝기가 같다고 가정하고 별의 밝기가 다른 것은 별까지의 거리가 다르기 때문이라고 가정했어요. 그는 별까지의 거리를 측정하기 위해 별의 밝기는 거리의 제곱에 반비례해서 어두워진다는 사실을 이용했어요. 예를 들면 B별이 A별보다 3배 더 멀리 떨어져 있다면 B별의 밝기는 A별의 밝기의 9분의 1이 될 것이라는 것이었지요. 허셜은 시리우스라는 별을 기준으로 하여 모든 별까지의 거리를 시리오미터라는 단위를 이용

해 나타냈어요. 시리오미터는 시리우스라는 별까지의 거리를 1로 하는 단위예요. 시리우스는 겨울철 별자리인 큰개자리 중에서 가장 밝은 별로, 하늘에 보이는 모든 별 중에서도 가장 밝은 별이지요.

따라서 밝기가 시리우스 밝기의 49분의 1인 별은 시리우스까지의 거리보다 7배 멀리 떨어져 있다고 생각했고, 이 거리를 7시리오미터라고 했지요. 허셜은 모든 별들의 실제 밝기가 똑같지 않다는 것을 알았지요. 따라서 자신의 방법이 정확하지 않다는 것을 알고 있었어요. 하지만 이런 방법을 사용하면 대략적인 우주의 구조를 알 수 있을 것이라고 생각했던 것이에요. 이런 방법으로 허셜은 우리 은하의 지름은 1,000시리오미터이고, 두께는 100시리오미터라고 주장했어요.

그러나 허셜은 1시리오미터가 얼마나 되는 거리인지는 알 수 없었어요. 시리우스까지의 실제 거리를 측정하는 방법을 알지 못했기 때문이었지요. 시리우스까지의 거리를 측정한 사람은 독일의 천문학자 베셀(Friedrich Bessel, 1784~1846)이었어요. 별까지의 거리를 측정하는 문제는 수많은 천문학자들에게 가장 어려운 문제였어요. 그리고 천문학자들이 별까지의 거리를 측정하지 못하고 있었던 것은 지구가 태양을 돌고 있다는 지동설의 가장 큰 결점이었어요. 지구가 태양 주위를 돌고 있다면 6개월 후에는 태양의 반대편에서 별들을 관찰할 수 있게 되는데, 그렇게 되면 별들의 위치가 달라 보이는 연주 시차가 관측되어야 했거든요. 우리가 길거리를 움직이면서 보면 내 위치에 따라 건물의 위치가 달라져 보이잖아요. 이렇게 지구가 1년 동안 태양을 돌면서 별들을 관측할 때 별들의 위치가 달라져 보이는 것이 연주 시차예요. 만약 지구가 태양을 돌고 있다면 연주 시차가 관측되어야 했어요.

그러나 많은 과학자들의 노력에도 불구하고 연주 시차는 측정할 수 없었어요. 학자들은 연주 시차를 측정할 수 없는 까닭이 지구에서 별까지의 거리가 아주 멀어 연주 시차가 작기 때문이라고 설명했어요.

베셀은 1810년부터 프러시아에 있던 쾨니히스베르크 천문대에서 태양계 가까이에 있는 별의 연주 시차를 측정하는 일을 시작했어요. 당시 이 천문 관측소는 유럽에서 가장 훌륭한 관측 기구를 가지고 있었어요. 렌즈를 연마하고 관측 기술을 정교하게 다듬으면서 쾨니히스베르크에서 28년을 보낸 베셀은 마침내 연주 시차를 측정하는 데 성공했어요. 6개월간의 고통스런 관측 작업을 통해 백조자리 61번 별의 시차가 0.6272″, 즉 약 0.0001742° 라는 것을 알아낸 것이지요. 이것

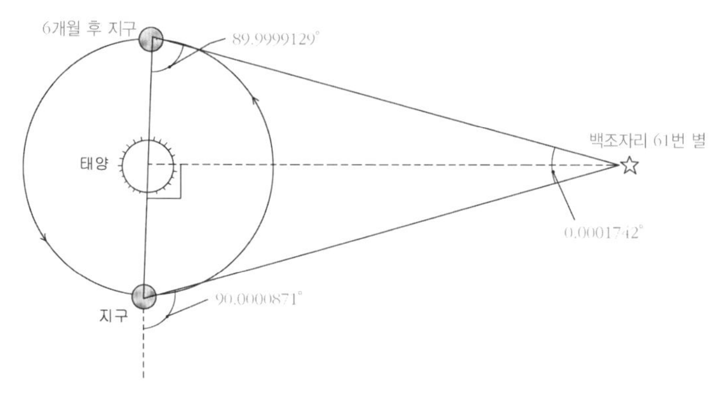

백조자리 61번 별의 연주 시차를 과장하여 그린 그림

은 아주 작은 값이에요. (1°(도)를 60등분하여 나온 한 조각을 1′(분)이라고 하고, 1′을 60등분하여 나온 한 조각을 1″(초)라고 함)

일단 연주 시차를 측정하자 태양, 지구 그리고 백조자리 61번 별이 이루는 직각 삼각형을 이용하여 이 별까지의 거리를 계산할 수 있었어요. 베셀의 측정에 의하면 백조자리 61번 별까지의 거리는 10^{14}km나 되었어요.

현대적인 방법을 이용한 측정에 의하면 백조자리 61번 별까지의 거리는 태양까지 거리의 72만 배나 되는 1.08×10^{14}km이고 이는 11.4광년이나 되는 거리에요. 이것은 빛이 11년도 넘게 달려가야 하는 엄청난 거리였지요. 별이 이렇게 멀리 떨어져 있었기 때문에 연주 시차가 작아 그동안 측정하지 못했던 거예요. 그러나 베셀이 연주 시차를 측정하는 데 성공했고, 별까지의 정확한 거리를 측정할 수 있게 되었어요.

천문학자들은 백조자리 61번 별까지의 거리를 바탕으로 은하의 크기도 추정할 수 있게 되었어요. 백조자리 61번 별의 밝기와 시리우스의 밝기를 비교하여 1시리오미터가 몇 광년에 해당하는지 알게 되었기 때문이지요.

그러나 연주 시차를 측정하는 방법으로는 아주 멀리 있는 별까지의 거리를 측정할 수는 없어요. 별까지의 거리가 멀어지면 연주 시차가 작아져서 아무리 정밀한 관측 기구를 사용한다고 해도 정확한 연주 시차를 측정할 수 없기 때문이지요. 연주 시차를 이용해서 측정할 수 있는 별까지의 거리는 대략 300광년 정도예요. 그러나 이 거리는 우주에서는 아주 짧은 거리예요. 우리 은하의 지름만 해도 10만 광년이 넘거든요. 따라서 은하의 지름과 같이 큰 거리를 측정하는 데는 아직 시리오미터 같은 정확하지 않은 방법을 이용할 수밖에 없었어요. 시리오미터는 모든 별들의 밝기가 같다는 가정에 근거를 둔 것이기 때문에 정확한 값이 될 수 없었어요.

별까지의 거리를 재는 더 정확하고 효과적인 방법은 리비트(Henrietta Leavitt, 1868~1921)라는 미국의 여성 천문학자에 의해 밝혀졌어요. 귀머거리였던 리비트가 당시로서는 여성에게 전혀 어울릴 것 같지 않은 천문학자가 되어 우주의 거

리를 재는 획기적인 방법을 알아내게 된 데에는 재미있는 사연이 있어요.

1800년대 중반부터 사진 기술이 천문학에 도입되면서 천문학은 크게 발전하기 시작했어요. 망원경에 사진기를 장착시킨 후 오랫동안 노출시키면 망원경으로 보아도 보이지 않던 천체까지 사진에 찍혔기 때문에 우리가 관측할 수 있는 천체의 수가 갑자기 크게 늘어났지요.

천체 사진에 많은 관심을 가지고 있었고, 달 사진 찍는 것을 좋아했던 미국의 드레이퍼(Henry Draper, 1837~1882)는 1877년에 미국 하버드 대학의 천문대에 많은 돈을 기부하여 모든 별들의 사진을 찍도록 했어요. 하버드 천문대장이던 에드워드 피커링은 이 돈으로 10년 동안 하늘 사진을 50만 장이나 찍었어요. 이처럼 많은 사진을 찍는 일도 어려운 일이었지만 사진에 나타난 별들을 분석하는 일은 훨씬 더 어려운 일이었어요. 50만 장의 사진에 나타난 별을 분석하여 별의 위치와 밝기를 알아낸 후 목록을 작성하는 것은 엄청난 일이었지요. 한 장의 사진에도 수백 개의 별들이 들어 있었거든요.

피커링은 이렇게 꼼꼼한 일을 하는 데는 남자보다 여자들이 더 적합하다는 것을 알게 되었어요. 그래서 여성들로 구성된 분석팀을 만들어 사진 분석을 시작했지요. 이 여성 분석팀에서는 후에 큰 업적을 남긴 천문학자들이 여러 명 배출되었어요. 그중 한 사람이 리비트였어요. 리비트는 1868년에 매사추세츠 주의 랭커스터에서 목사의 딸로 태어났어요. 리비트는 1892년에 여성들을 위한 교육 기관이었던 래드클리프 학교를 졸업했어요. 졸업 후 리비트는 청력을 잃게 한 뇌막염을 치료하면서 집에서 시간을 보냈어요. 하지만 건강이 회복되자 리비트는 하버드 천문대 분석팀의 자원 봉사자가 되어 사진 분석하는 일을 시작했어요.

리비트는 특히 밝기가 변하는 변광성의 분석에 관심이 많았어요. 밝기가 변하는 변광성을 찾아내는 일은 쉬운 일이

아니었어요. 눈으로 보아서는 밝기가 변하는지 알기가 어려웠기 때문이에요. 하지만 다른 날 밤에 찍은 2장의 사진을 겹쳐 놓고 비교하면 밝기의 변화를 쉽게 찾아낼 수 있었어요. 따라서 사진 기술은 변광성 연구에 크게 기여했지요. 리비트는 이런 방법으로 2,400개나 되는 변광성을 찾아냈어요. 변광성에 관한 한 그를 따라 올 사람이 없을 정도로 전문가가 되었지요.

별의 밝기가 변하는 변광성에는 여러 가지 형태가 있어요. 먼저 별의 밝기가 일정한 간격을 두고 일정한 비율로 어두워졌다 밝아졌다 하는 식변광성이 있어요. 식변광성은 실제로 별의 밝기가 변하는 것이 아니에요. 2개의 별이 서로 돌면서 한 별이 다른 별을 가리기 때문에 별의 밝기가 변하는 것처럼 보이는 변광성이에요. 또 다른 종류의 변광성은 밝아질 때는 급격하게 밝아지지만 어두워질 때는 서서히 어두워지는 형태의 변광성이 있어요. 이것은 실제로 별의 밝기가 변하는 변광성이에요. 이런 변광성을 세페이드 변광성이라고 해요. 가을철 별자리인 세페이드자리에서 처음으로 발견된 변광성이어서 이런 이름을 갖게 되었어요.

모든 변광성은 일정한 주기를 가지고 있어요. 주기는 변광성이 밝아졌다가 어두워지고 다시 밝아질 때까지 걸리는 시

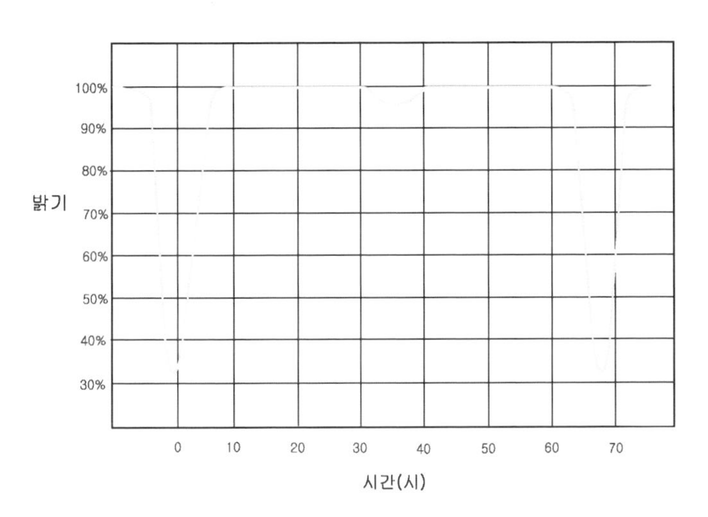

식변광성의 밝기 변화

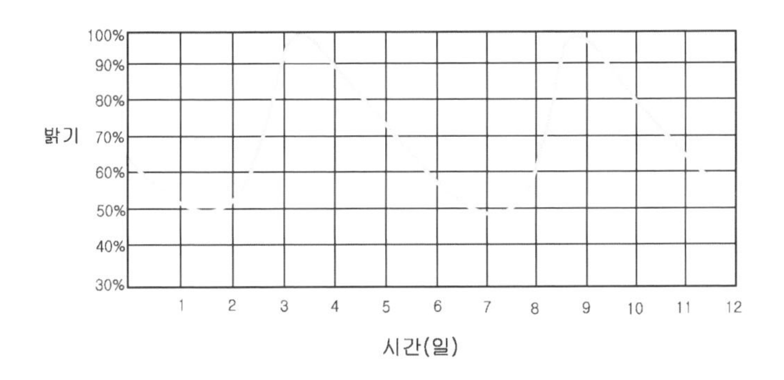

세페이드 변광성의 밝기 변화

간을 말해요. 이틀 동안에 어두워졌다가 다시 밝아졌다면 주기는 2일인 셈이지요. 리비트는 변광성 중에서 특히 세페이

드 변광성에 관심을 가지게 되었어요.

오랫동안 세페이드 변광성을 분석하여 목록을 만든 리비트는 변광성의 밝기와 주기 사이에 어떤 관계가 있는지를 알아보기로 했어요. 하지만 별의 실제 밝기를 알 수 있는 방법이 없었어요. 겉보기로는 밝게 보이는 세페이드 변광성이 실제로는 가까이에 있어서 밝게 보이는 것일 수도 있었고, 겉보기에는 어둡게 보이는 변광성이 실제로는 멀리 있는 밝은 별일 수도 있었거든요.

리비트는 16세기의 탐험가 마젤란(Ferdinand Magellan, 1480~1521)이 남반구의 바다를 여행하면서 관측한 소마젤란 은하의 별들을 이용하여 이 문제를 해결할 수 있었어요. 소마젤란 은하는 남반구의 하늘에서만 볼 수 있기 때문에 리비트는 페루에 있는 하버드의 남부 관측소에서 찍은 사진들을 분석해야 했어요. 리비트는 소마젤란 은하에서 25개의 세페이드 변광성을 찾아냈어요. 물론 지구에서 소마젤란 은하까지의 거리는 모르고 있었어요. 하지만 소마젤란 은하가 아주 멀리 있기 때문에 그 속에서 발견한 25개의 세페이드 변광성은 모두 지구로부터 비슷한 거리에 있을 것이라고 가정했어요.

따라서 소마젤란 은하의 세페이드 변광성 중에 한 변광성이 다른 변광성보다 더 밝다면 그것은 겉으로 보기에만 더 밝은 것이 아니라 실제로 더 밝기 때문이라고 할 수 있었지요. 지구로부터 소마젤란 은하까지의 별들이 거의 같은 거리에 있다는 것은 가정에 근거했지만 매우 합리적이었어요. 소마젤란 은하까지의 거리는 약 17만 광년 정도 되지요. 하지만 소마젤란 은하의 지름은 수천 광년에 지나지 않아요. 17만 광년에 비해 수천 광년은 아주 짧은 거리라고 할 수 있어요. 따라서 소마젤란 은하에 있는 별들의 실제 밝기가 같다면 거의 같은 밝기로 측정될 것이라는 리비트의 가정은 사실과 일치하는 것이었지요.

리비트는 세페이드 변광성의 밝기와 주기 사이의 관계를 알아보기 위해 소마젤란 은하에서 찾아낸 25개의 세페이드 변광성의 밝기와 주기를 이용해 그래프를 그려 보았어요. 그래프를 분석한 결과 변광성의 주기와 밝기 사이에는 간단한 비례 관계가 성립한다는 것을 알게 되었어요. 리비트는 이 법칙이 우주에 있는 모든 세페이드 변광성에도 적용될 수 있을 것이라고 믿었어요. 1912년에 리비트는 그 결과를 '소마젤란 은하의 25개 변광성의 주기'라는 제목으로 발표했어요. 이것은 천문학에 큰 영향을 미쳤어요.

리비트의 발견으로 하늘에서 어떤 두 세페이드 변광성을

비교하면 지구로부터의 거리의 비를 알아낼 수 있게 되었어요. 예를 들면 하늘의 다른 두 곳에서 밝기가 같은 주기로 변하는 두 변광성을 찾아냈다고 가정해 봐요. 두 변광성의 주기가 같다는 것은 두 별의 실제 밝기가 같다는 것을 뜻해요. 따라서 두 별 중의 하나가 다른 별보다 더 밝게 보인다면 그것은 그 별이 더 가까이 있는 별이라는 것을 의미해요. 밝기는 거리의 제곱에 반비례해서 어두워지기 때문에 밝기가 $\frac{1}{9}$로 관측되는 별은 3배 더 멀리 있다는 것을 뜻해요. 만약 같은 주기로 어두워졌다 밝아졌다 하는 변광성 중에서 한 변광성의 밝기가 다른 변광성의 밝기의 $\frac{1}{225}$이라면 $225=15^2$이기 때문에 15배 더 멀리 있는 별이라는 뜻이지요.

천문학자들은 리비트가 알아낸 결과를 이용하여 두 세페이드 변광성까지의 거리의 비는 알아낼 수 있었지만, 변광성까지의 실제 거리는 알 수 없었어요. 어떤 변광성이 다른 변광성보다 15배나 더 멀리 있다는 것은 알아낼 수 있었지만 실제 거리가 얼마인지는 알아낼 수 없었다는 것이지요. 그러나 만약 1개의 변광성까지의 거리라도 정확히 알 수 있다면 리비트의 측정 방법에 적용하여 모든 세페이드 변광성까지의 거리를 측정할 수 있게 된 것이었어요. 천문학자들은 지구에 가까이 있어서 연주 시차법으로 거리를 정확히 측정할

수 있는 변광성을 찾아냈어요. 따라서 변광성의 주기와 실제 거리 사이의 관계를 밝혀낼 수 있었지요. 이제 리비트의 방법은 세페이드 변광성까지의 거리의 비가 아니라 실제 거리를 알아내는 방법으로 사용할 수 있게 되었어요.

이제 세페이드 변광성들은 우주에서 거리를 측정하는 가장 중요한 자료가 되었어요. 이 자료를 이용하여 천문학자들은 간단하게 우주의 거리를 측정할 수 있게 되었어요.

우주의 거리를 측정하기 위해서는 먼저 변광성까지의 거리를 측정해야 합니다. 첫 번째로 할 일은 변광성의 밝기가 얼마나 빨리 변하는지를 측정한 후 밝기가 변하는 주기를 이용하여 이 별의 실제 밝기를 결정하는 일이에요. 다음에는 그 별이 얼마나 밝게 보이는가 하는 겉보기 밝기를 측정해야 하

지요. 마지막으로 겉보기 밝기와 실제 밝기를 이용해 거리를 계산하면 되지요. 이렇게 나온 자료를 바탕으로 우주의 거리를 측정하는 것이지요.

리비트가 알아낸 방법은 우주의 거리를 측정하는 획기적인 방법이었어요. 아무리 먼 곳에 있는 변광성이라고 해도 밝기가 변하는 주기와 겉보기 밝기만 측정하면 그 별까지의 거리를 알게 되었으니 말이에요.

우리 은하에는 많은 수의 성단이 있어요. 이런 성단들 속에는 적게는 수천 개에서 많게는 수백만 개가 넘는 별들이 포함되어 있지요. 만약 이런 성단에서 변광성 몇 개만 찾아내면 리비트가 알아낸 법칙을 이용하여 그 성단까지의 거리를 측정할 수 있게 되었지요.

이 방법은 은하까지의 거리를 알아내는 데도 사용할 수 있어요. 가까운 곳에 있는 은하의 경우에는 은하 안에 있는 변광성을 찾아낼 수 있어요. 이 변광성의 주기와 밝기를 측정하면 은하까지의 거리도 알 수 있었지요. 이것은 연주 시차법으로 겨우 몇 백 광년의 거리를 측정할 수 있었던 것과는 비교도 할 수 없는 효과적인 방법이었어요. 이 방법은 우주가 팽창하고 있다는 사실을 알아내는 데도 중요한 역할을 했지요.

만화로 본문 읽기

지구보다 큰 자도 없는데 우주의 거리는 어떻게 측정하나요?

우주의 거리를 측정하기 위해서는 먼저 변광성까지의 거리를 측정해야 해요.

그 별의 겉보기 밝기를 측정하고, 마지막으로 겉보기 밝기와 실제 밝기를 이용해 거리를 계산하면 됩니다.

세페이드 변광성의 밝기 변화

밝기: 100%, 90%, 80%, 70%, 60%, 50%, 40%, 30%

시간 (일): 1 2 3 4 5 6 7 8 9 10 11 12

그렇게 나온 자료를 바탕으로 우주의 거리를 측정하는 것이군요.

리비트는 특히 변광성에 관심을 갖고 꾸준히 연구하여 별까지의 거리를 측정할 수 있는 방법을 알아냈지요.

천문학을 크게 발전시킨 훌륭한 여성이네요.

다섯 번째 수업

5

우주가 팽창하고 있다

우주는 정말 팽창하고 있을까요?
팽창 우주론에 대해서 알아봅시다.

5

다섯 번째 수업

우주가 팽창하고 있다

교.
과.
연.
계.

초등 과학 5-2	7. 태양의 가족
중등 과학 2	3. 지구와 별
중등 과학 3	7. 태양계의 운동
고등 지학 I	3. 신비한 우주
고등 지학 II	4. 천체와 우주

가모가 별 그림이 그려진
풍선을 힘껏 불면서
다섯 번째 수업을 시작했다.

앞에서 아인슈타인이 프리드만과 르메트르의 우주가 팽창하고 있다는 우주론에 반대했기 때문에 이 우주론은 더 이상 발전하지 못하고 역사 속으로 사라졌다는 이야기를 기억하나요? 그런데 뜻밖의 일이 벌어졌어요. 우주가 팽창하고 있다는 것을 관측을 통해 확인한 사람이 나타난 것이지요. 이것은 이론적 주장이 아니라 실제 관측을 통해 확인한 것이어서 쉽게 반대할 수도 없었어요.

우주가 팽창하고 있다는 사실을 밝혀내 우주론 싸움에 불씨를 던진 사람은 미국의 천문학자 허블이었어요. 허블은 8

번째 생일에 할아버지로부터 망원경을 선물 받고 별과 행성에 관심을 가지게 되었어요. 고등학교에 다닐 때는 화성에 관해 쓴 글이 신문에 실리기도 했지요.

어릴 때부터 허블의 꿈은 천문학자가 되는 것이었어요. 그러나 시카고 대학에 진학한 허블은 천문학이 아니라 법률을 공부해야 했어요. 더 나은 생활을 하기 위해서는 법률을 공부해야 한다는 아버지의 생각 때문이었지요.

시카고 대학을 졸업한 후에는 영국의 옥스퍼드 대학으로 유학을 갔지만 그곳에서도 법률을 공부해야 했어요. 아버지

의 고집을 꺾을 수가 없었기 때문이었지요. 하지만 허블이 영국에서 유학 중이던 1913년에 아버지가 갑자기 돌아가셔 집으로 돌아와야 했어요. 집에 돌아온 후에는 한동안 고등학교 선생님으로 일하는 등 법률과 관계된 일을 하며 가정을 돌보았지요. 하지만 가정이 어느 정도 안정되자 어릴 적부터 꿈이었던 천문학자가 되기로 결심했어요. 허블은 우선 시카고 대학에 있는 여키스 천문대에서 공부하여 천문학으로 박사 학위를 받았어요. 여키스 천문대는 헤일이 여키스의 지원을 받아 세운 천문대라는 것을 기억하고 있지요?

허블은 가장 위대한 천문학자가 되기 위해서는 가장 훌륭한 망원경이 있는 곳으로 가야 한다고 생각했어요. 그래서 윌슨 산 천문대의 연구원으로 지원했어요. 당시 윌슨 산 천문대는 구경 1.5m짜리 망원경을 보유하고 있었고, 이보다 큰 구경 2.5m짜리 망원경이 곧 완성될 예정이었어요. 허블은 드디어 윌슨 산 천문대로부터 연구원으로 오라는 통보를 받았어요. 어릴 적부터 꾸었던 꿈이 이루어지는 순간이었지요. 하지만 이때 미국이 제1차 세계 대전에 참전하게 되어 그의 꿈을 이루는 것을 뒤로 미룰 수밖에 없었지요. 허블은 미군에 입대하여 유럽에 파견되었다가 전쟁이 끝난 후인 1919년 8월에야 윌슨 산 천문대에 갈 수 있었어요.

윌슨 산에서 연구를 시작한 허블은 곧 천문 관측을 시작하여 새로운 사실을 많이 밝혀냈는데, 그중에서 2가지 사실이 중요해요. 하나는 안드로메다은하가 우리 은하 안에 있는 천체가 아니라 독립된 은하라는 사실과, 우주가 팽창하고 있다는 사실을 밝혀낸 것이었어요.

우리 은하의 별들이 원반 모양의 공간 안에 분포해 있다는 것은 19세기 과학자들의 관측을 통해 이미 널리 알려져 있었어요. 그런데 천체 중에 별과는 전혀 다른 천체가 있다는 것도 알게 되었어요. 망원경으로 보면 희뿌연 구름 조각처럼 보이는 천체가 있는데 별과는 전혀 다른 모습이었어요. 이것은 구름처럼 보였기 때문에 성운이라고 불렀지요. 안드로메다도 가까이에서 구름처럼 보였기 때문에 사람들은 성운이라고 생각했던 거예요.

하지만 아무리 좋은 망원경으로 보아도 별은 밝은 빛이 나오는 점으로 보이는 반면에 성운은 어느 정도의 크기와 구조를 가진 천체로 보였어요. 파슨스는 이런 성운 중 하나를 관측하고 이 성운이 소용돌이치는 모양을 하고 있다는 것을 밝혀내기도 했어요. 하지만 이러한 성운이 어떤 천체이고 얼마나 먼 곳에 있는지에 대해서는 1920년대까지도 결론을 내리지 못하고 있었어요.

과학자들의 관심은 안드로메다에 집중되었어요. 안드로메다는 날씨가 맑고 달빛이 없는 밤이면 맨눈으로도 찾아낼 수 있을 정도로 밝은 천체거든요. 학자들은 안드로메다가 우리 은하 내에 있는 천체라고 주장하는 사람들과 우리 은하 밖에 있는 새로운 은하라고 주장하는 사람들로 나뉘어 논쟁을 벌였어요. 하지만 어떤 것이 옳은지를 결정적으로 증명해 줄 증거가 없었어요. 따라서 이 문제는 좀처럼 해결될 것 같지 않았어요.

윌슨 산 천문대에서 연구를 시작한 허블은 안드로메다가 독립된 은하라는 생각에 동조하는 사람이었어요. 윌슨 산 천문대에서 연구하고 있던 학자들 대부분이 안드로메다가 우리 은하 내에 있는 천체라고 생각하고 있었던 것과는 대조적이었지요. 하지만 허블이 관측을 통해 이 문제를 해결하려고 마음먹었던 것은 아니었어요. 그러나 우연한 관측이 이 문제를 해결할 수 있도록 했지요.

망원경을 이용하여 하늘을 관측하는 일은 쉬운 일이 아니에요. 천체 관측은 밀려드는 잠과 싸워야 하는 고통스러운 작업이었지요. 더구나 천문대가 있던 윌슨 산은 매우 추운 곳이었어요. 추워서 언 손가락으로 망원경의 나사를 돌려야 했고, 렌즈에 눈을 대면 눈썹이 렌즈에 얼어붙기도 했어요.

그러나 허블은 이런 나쁜 조건 속에서도 천체 관측에 열심이었어요. 위대한 법률가가 되기보다는 평범한 천문학자가 되는 것이 더 좋다고 말했던 허블은 이러한 고통스러운 관측 작업이 오히려 너무 즐거웠어요.

그러던 어느 날 허블은 우연히 대단한 발견을 하게 되었지요. 그것은 허블이 윌슨 산에 도착하고 4년이 지난 1923년 10월 4일 저녁이었어요. 그는 구경 2.5m짜리 망원경으로 안드로메다를 관측하고 있었어요. 그날은 기상 상태가 좋지 않아 관측이 쉽지 않은 날이었어요. 그러나 허블은 40분간 렌즈를 노출하여 안드로메다의 사진을 찍었어요. 그런데 이때 찍은 사진에 안드로메다 속의 변광성이 찍혀 있었어요. 다음 날 다시 안드로메다의 사진을 찍어 확인해 보았지만 변광성이 틀림없었어요. 안드로메다에서 변광성을 발견했다는 것은 안드로메다까지의 거리를 측정할 수 있다는 것을 뜻하는 대단한 발견이었지요.

이것이 안드로메다에서 발견된 첫 번째 세페이드 변광성이었어요. 허블은 이제 안드로메다까지의 거리를 계산하여 안드로메다가 우리 은하 안에 있는 천체인지 아니면 우리 은하 밖의 독립된 은하인지를 결정할 수 있게 된 것이었어요. 허블은 새로 발견한 세페이드 변광성의 주기를 측정하고 이를 리비트의 결과에 대입하여 이 변광성의 밝기가 태양보다 7,000배나 더 밝다는 것을 알아냈어요. 허블은 이 밝기를 겉보기 밝기와 비교해서 안드로메다까지의 거리를 계산해 보았어요.

그 결과는 놀라운 것이었지요. 이 세페이드 변광성을 포함하고 있는 안드로메다까지의 거리는 지구로부터 약 90만 광년이나 되는 것으로 나타났기 때문이에요. 당시 우리 은하의 지름은 대략 10만 광년이라고 알려져 있었어요. 따라서 안드로메다는 우리 은하의 일부가 아니라는 것이 확실해졌어요. 90만 광년이나 멀리 떨어져 있는데도 맨눈으로도 볼 수 있을 정도로 밝다는 것은 안드로메다가 아주 밝은 천체라는 것을 뜻했어요. 또한 안드로메다가 그렇게 밝다는 것은 수억 개의 별을 포함한 커다란 은하라는 것을 뜻하는 것이었지요. 안드로메다는 이제 안드로메다은하가 되었어요. 후에 더 정확한 측정을 통해 안드로메다은하까지의 거리는 90만 광년이 아니라 약 225만 광년이라는 것과 수천억 개의 별을 포함한 거대한 은하라는 것을 알게 되었어요.

허블의 관측으로 대부분의 다른 성운들도 안드로메다은하와 마찬가지로 실제로는 우리 은하와 멀리 떨어져 있는 독립된 은하라는 것을 알 수 있게 되었지요. 성운이란 말은 구름

모양을 가지는 천체를 나타내기 위해 사용하기 시작했지만 이제 대부분의 성운은 구름이 아니라 우리 은하와 같은 크기의 은하라는 것을 알게 되었어요. 그 나머지 진짜 성운은 우리 은하 안에 있는 기체와 먼지구름으로 이루어진 천체이지요. 그래서 현재 성운이라는 말은 기체와 먼지구름으로 이루어진 천체만을 가리키는 말이 되었어요.

허블의 관측 결과는 1924년 워싱턴에서 열렸던 미국과학진흥협회 회의에서 발표되었어요. 허블은 그 회의에서 가장 뛰어난 논문에게 주는 1,000달러의 상금을 〈흰개미의 장에 살고 있는 원생동물에 대해서〉를 연구한 클리블랜드(Lemuel Clevland, 1898~1971)와 공동으로 수상하였어요. 이것을 계기로 허블은 위대한 천문학자로 인정받게 되었어요.

그러나 허블은 이 정도로 만족할 수 없었어요. 그는 다시 한 번 세상을 깜짝 놀라게 할 관측을 준비하고 있었어요. 별빛으로 그 별이 어떤 원소를 포함하고 있는지 알아내는 것이었지요. 별은 온도에 따라 다른 빛을 내고 있어요. 빛의 색깔이 다른 것은 빛의 파장이 다르기 때문이에요. 파장이 긴 빛은 우리 눈이 붉은색으로 느끼고 파장이 짧은 빛은 푸른색이나 보라색으로 느끼지요. 태양광 속에는 여러 가지 파장의 빛이 섞여 있기 때문에 프리즘을 통과하면 무지개 색으로 분

산돼요. 모든 색깔의 빛을 포함하고 있는 이런 빛을 연속 스펙트럼이라고 해요.

그런데 한 가지 원소가 내는 빛은 몇 가지 파장의 빛만 포함하고 있어요. 이런 빛을 프리즘에 통과시키면 몇 가닥의 밝은 선만 나타나지요. 이것을 선 스펙트럼이라고 해요. 선 스펙트럼은 빛을 내는 원소의 종류에 따라 다르지요. 스펙트럼은 원소의 지문이라고 할 수 있어요. 따라서 선 스펙트럼을 잘 조사하면 어떤 원소가 낸 빛인지 알아낼 수 있지요. 멀리 있는 별에서 온 빛의 스펙트럼을 분석하여 별이 어떤 원소를 포함하고 있는지 알아낼 수 있는 것은 이 때문이에요.

그런데 빛을 내는 천체가 우리에게 다가오면서 빛을 내느냐 아니면 멀어지면서 빛을 내느냐에 따라 그 천체가 내는 빛

과학자의 비밀노트

스펙트럼

빛을 파장에 따라 분해하여 배열한 것으로 분광기나 프리즘으로 굴절시켜 파장에 따라 분해하여 얻을 수 있다. 모양에 따라 연속 스펙트럼, 선 스펙트럼 등으로 나뉜다. 백열등이나 햇빛처럼 방출되는 빛의 파장이 연속적이면 무지개처럼 연속적으로 나타나는 연속 스펙트럼을 가진다. 반면 수은등, 네온등은 일정한 위치에 선 모양으로 나타나는 선 스펙트럼을 가진다.

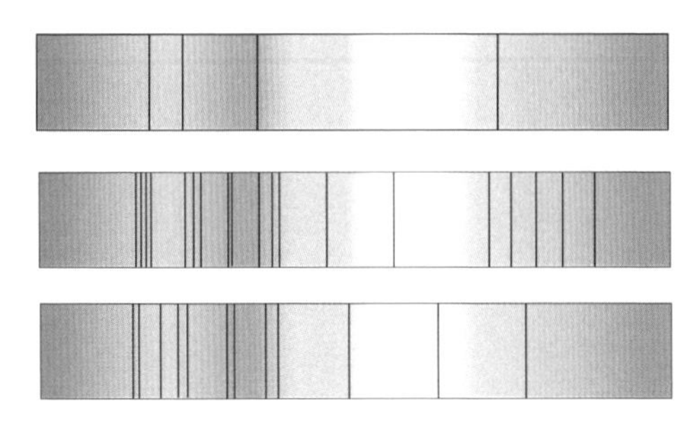

여러 가지 원소들의 스펙트럼
검은 선은 원소들이 해당 파장의 빛을 흡수하기 때문에 생긴 것임

의 스펙트럼이 한쪽으로 조금씩 밀려나게 돼요. 다가오고 있으면 파장이 짧아지는 청색 방향으로 밀려나는데 이것을 청색 이동이라고 해요. 반대로 멀어지고 있으면 파장이 길어지는 붉은색 쪽으로 밀려나는데 이것을 적색 이동이라고 하지요. 이렇게 빛을 내는 물체나 관측자의 속도에 따라 같은 빛이 다른 파장으로 관측되는 것을 도플러 효과라고 해요. 도플러 효과는 빛에만 나타나는 것이 아니라 모든 파동에 나타나는 현상이에요.

특히 소리에는 도플러 효과가 더욱 뚜렷하게 나타나서 우리는 일상생활에서도 도플러 효과를 느낄 수 있어요. 소리에 도플러 효과가 존재한다는 것을 확인하기 위해 1845년 네덜란드에서는 색다른 실험이 진행되었다는 기록이 있어요. 즉, 트럼펫 부는 사람들을 두 그룹으로 나누어 같은 음을 연주하도록 했어요. 한 팀은 철로 위에 놓인 지붕이 없는 열차 위에서 연주하도록 했고, 다른 한 팀은 철로 위에 서서 연주하도록 했지요. 두 그룹이 정지해서 연주할 때는 같은 소리가 났어요. 그러나 연주자들이 타고 있는 기차가 다가오자 트럼펫 소리가 원래보다 높은 소리로 들린다는 것을 알 수 있었어요. 또한 열차의 속도를 증가시키자 소리는 더 높은 소리로 들렸어요.

이러한 변화는 다가오고 멀어지는 상대 속도에 따라 파장이 변하는 도플러 효과 때문에 생기는 것이에요. 우리는 구급차의 사이렌 소리에서도 같은 효과를 느낄 수 있어요. 구급차가 다가오고 있을 때는 사이렌 소리가 높은 소리(짧은 파장)로 들리지만, 멀어질 때는 낮은 소리(긴 파장)로 들리는 것을 많이 경험했을 거예요. 파장의 변화는 절대 속도에도 영향을 받

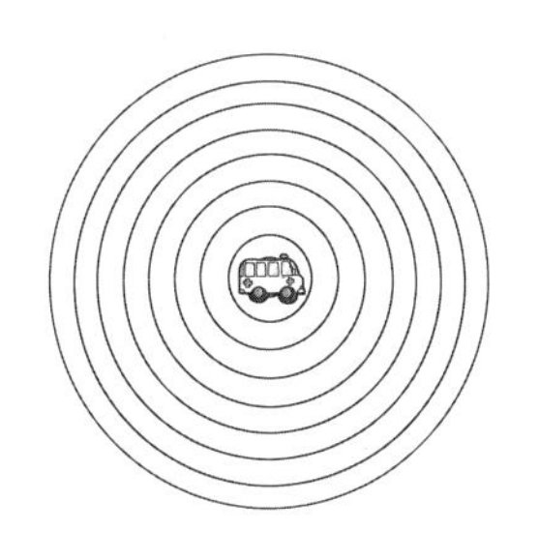

도플러 효과

아서 구급차가 빠르게 지나갈수록 높은 소리에서 낮은 소리로 변화하는 폭이 커져 더 쉽게 느낄 수 있게 돼요.

이제 별에서 오는 빛의 스펙트럼을 조사해서 중요한 사실 2가지를 알 수 있게 되었어요. 하나는 그 별이 무슨 원소로 이루어졌느냐 하는 것이고 다른 하나는 그 별이 우리에게 다가오고 있는지 아니면 멀어지고 있는지, 또 어떤 속도로 움직이는지를 알 수 있게 된 것이지요. 아무리 먼 곳에 있는 별이라고 해도 우리가 그 별에서 오는 빛만 볼 수 있으면 그 별의 구성 성분, 온도, 속도까지 알 수 있다니 참으로 대단하지요?

많은 과학자들은 태양 가까이 있는 별과 은하들에서 오는 빛을 조사해서 별이나 은하들이 어떻게 운동하고 있는지 알아보기 위해 노력했어요. 그런데 재미있는 것은 조사 결과 대부분의 은하들이 우리로부터 멀어지고 있다는 사실을 발견한 거예요. 모든 은하들은 마치 우리 은하로부터 도망치고 있는 것처럼 멀어지고 있었던 것이지요. 따라서 많은 은하들이 왜 우리 은하로부터 멀어지고 있는지를 알아내는 것은 천문학자들의 가장 큰 숙제였어요.

이 문제를 해결하기 위해 도전한 사람이 바로 허블이었어요. 허블은 조수였던 휴메이슨(Milton Humason, 1891~1972)과 함께 주위에 있는 은하 하나하나를 정밀하게 관측하여 멀어지는 속도와 은하까지의 거리를 기록해 나갔어요. 이 일은 오랜 시간 정밀한 관측과 많은 고통이 따르는 작업이었지만 두 사람은 묵묵히 관측을 진행해 나갔어요.

1929년에 허블과 휴메이슨은 46개 은하의 적색 이동과 거리를 측정했어요. 그러나 불행하게도 이 측정의 반은 관측치가 정확하지 않았어요. 허블은 확신할 수 있었던 은하들의 측정치만 취하여 한 축은 속도를, 그리고 다른 축은 거리를 나타내는 그래프로 나타내 보았어요.

그랬더니 놀라운 사실이 발견되었어요. 그래프 위의 점들을 살펴보니 은하가 멀어지는 속도가 거리에 비례하여 증가하는 모양으로 찍혀 있었어요. 다시 말해 어떤 은하가 다른 은하보다 2배 더 멀리 떨어져 있다면 이 은하는 대략 2배의 속도로 멀어지고, 3배 더 멀리 떨어져 있는 은하는 3배 더 빠르게 멀어지고 있었지요. 이 결과가 옳다면 그것은 매우 놀라운 것이었어요. 은하들이 이런 방식으로 멀어지려면 우주가 팽창하고 있어야 하기 때문이지요.

풍선으로 실험해 보면 쉽게 알 수 있어요. 풍선 위에 점을 찍고 풍선을 불면 모든 점 사이의 거리가 멀어져요. 이때 멀어지는 속도는 두 점 사이의 거리에 비례하지요. 다시 말해 2배 멀리 떨어져 있는 점은 2배 더 빨리 멀어지고 3배 더 멀리

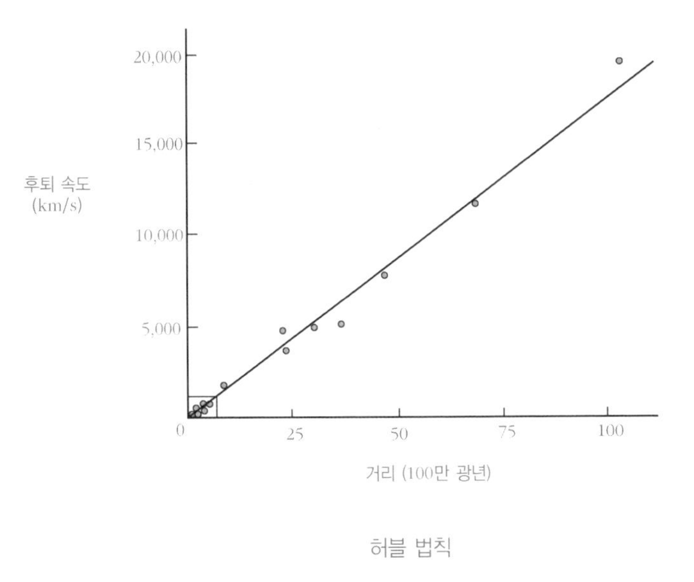

허블 법칙

떨어져 있는 점은 3배 더 빨리 멀어져요. 따라서 은하들이 이와 비슷한 방법으로 멀어진다는 것은 우주가 풍선처럼 부풀고 있다는 것을 뜻하는 것이었어요. 이것은 과거에 아주 작은 지역에 모여 있었던 우주가 팽창하고 있다는 최초의 증거였어요.

1929년 이 사실을 발표한 후, 허블과 휴메이슨은 자료를 보충하기 위해 2년 더 망원경과 함께 힘든 밤들을 보냈어요. 그리고 1931년에 더 많은 은하들의 자료를 갖춘 논문을 발표했어요.

이제 도플러 효과의 규칙, 즉 은하가 멀어지는 속도는 거리에 비례한다는 것이 확실해졌어요. 이것이 허블 법칙이에요. 허블 법칙은 우주에서 거리를 재는 또 하나의 자가 되었어요. 이 법칙으로 인해 아무리 먼 은하라고 해도 그 은하에서 오는 빛의 도플러 효과만 측정하면 그 은하까지의 거리를 결정할 수 있게 되었지요. 이것은 변광성의 주기를 이용한 방법보다 훨씬 강력한 거리 측정 방법이 되었어요.

그러나 그보다 중요한 것은 아인슈타인을 비롯한 많은 과학자들이 받아들인 영원하고 정적인 우주가 사실이 아니라는 것이 밝혀진 것이었지요. 프리드만과 르메트르가 주장했던 팽창하는 우주론이 맞는다는 것이 밝혀진 것이에요. 우주는 영원하며 팽창하거나 수축하지 않는다고 주장했던 아인슈타인은 1931년 부인과 함께 허블의 초청으로 윌슨 산 천문대를 방문했어요. 그들은 구경 2.5m짜리 망원경을 살펴보았고, 허블과 휴메이슨이 수집한 관측 자료들을 보았어요.

허블과 휴메이슨은 아인슈타인에게 많은 사진을 보여 주었으며 그들이 찾아낸 은하를 지적해 주기도 했고, 적색 이동을 나타내는 은하의 스펙트럼도 보여 주었어요.

1931년 2월 3일, 마침내 아인슈타인은 윌슨 산 천문대 도서관에 모인 기자들에게 그때까지 믿어 왔던 영원하고 정적인 우주를 부정하고 우주가 팽창하고 있다는 사실을 받아들

인다고 선언했어요. 아인슈타인은 허블의 관측 결과를 받아들이고 르메트르와 프리드만이 옳았다는 것을 인정한 것이지요. 세계에서 가장 유명한 천재 과학자가 마음을 바꿔 우주가 팽창한다는 것을 인정하게 되자 많은 사람들이 우주가 팽창하고 있다는 것을 사실로 받아들이게 되었어요. 이로 인해 이제 우주론에 관한 논쟁은 우주가 팽창하느냐 팽창하지 않느냐가 아니라 어떻게 팽창하고 있느냐의 논쟁으로 바뀌게 되었지요.

만화로 본문 읽기

선생님, 우주는 팽창하고 있다는 것이 사실인가요?
풍선으로 실험해 보면 쉽게 알 수 있어요.

풍선 위에 점을 찍고 불면 점 사이의 거리가 멀어지는데, 이때 멀어지는 속도는 두 점의 거리에 비례하지요.
정말이네요!
후욱
후욱

다시 말해 2배 멀리 떨어져 있는 점은 2배, 3배 멀리 떨어져 있는 점은 3배 빨리 멀어지지요.
그러니까 은하들도 이와 비슷한 방법으로 멀어진다는 것이군요.
누가 그런 사실을 발견한 건가요?

우주론의 선구자였던 프리드먼과 르메트르가 주장했지만 누구도 이들의 주장을 믿지 않았어요. 그러나 허블이 관측을 통해 우주가 실제로 팽창하고 있다는 것을 밝혀냈지요.
허블
우주 팽창
정말?
우주 팽창
프리드먼
르메트르

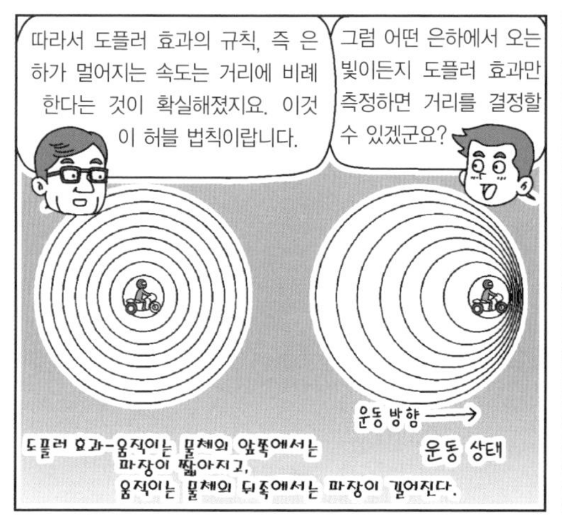
따라서 도플러 효과의 규칙, 즉 은하가 멀어지는 속도는 거리에 비례한다는 것이 확실해졌지요. 이것이 허블 법칙이랍니다.
그럼 어떤 은하에서 오는 빛이든지 도플러 효과만 측정하면 거리를 결정할 수 있겠군요?
운동 방향
운동 상태
도플러 효과-움직이는 물체의 앞쪽에서는 파장이 짧아지고, 움직이는 물체의 뒤쪽에서는 파장이 길어진다.

그래요. 허블 법칙은 변광성 주기를 이용한 것보다 훨씬 강력한 거리 측정 방법이에요.
과학은 진정한 관측의 학문이군요.
20000
15000
10000
5000
0
25
50
75
100
후퇴속도 (Km/s)
거리 (백만광년)
허블 법칙-은하까지의 거리와 은하가 멀어지는 속도는 비례한다.

여섯 번째 수업 6

빅뱅 우주론의 등장

우주의 시간을 거꾸로 돌리면 어떤 일이 벌어질까요?
우주가 탄생한 초기에는 어떤 일들이 있었는지 알아봅시다.

6

여섯 번째 수업

빅뱅 우주론의 등장

교.	초등 과학 5-2	7. 태양의 가족
과.	중등 과학 2	3. 지구와 별
	중등 과학 3	7. 태양계의 운동
연.	고등 지학 Ⅰ	3. 신비한 우주
계.	고등 지학 Ⅱ	4. 천체와 우주

가모가 지난 시간에 이야기했던 내용을 학생들에게 상기시키며 여섯 번째 수업을 시작했다.

벌써 여섯 번째 수업이로군요. 원래 내 이야기는 빅뱅 우주론과 정상 우주론 사이의 싸움 이야기가 될 것이라고 했었어요. 하지만 아직 본격적으로 빅뱅 우주론과 정상 우주론 이야기를 시작하지도 못했는데 여섯 번째 수업이 시작되었군요. 하지만 실망할 필요는 없어요. 이제부터 본격적으로 우주론 이야기를 해도 늦지는 않으니까요. 그럼 본격적인 우주론 이야기를 하기 전에 지금까지 했던 이야기를 정리해 볼까요?

대부분의 사람들이 우주는 영원하고 변함이 없다고 믿고 있었다는 것에서 이야기를 시작했던 것을 기억하나요? 아인

슈타인은 그러한 우주론에 맞추기 위해 자신이 얻었던 올바른 해답까지 수정했었다는 것도 기억하고 있을 거예요. 우주론의 선구자였던 프리드만과 르메트르는 다른 사람들과는 달리 용감하게 우주가 팽창하고 있다고 주장했었지만 누구도 이들의 주장에 귀를 기울이지 않았어요. 하지만 허블이 관측을 통해 우주가 실제로 팽창하고 있다는 것을 밝혀내자 아인슈타인도 1931년에 팽창 우주론을 사실로 받아들이게 되었어요. 아인슈타인이 받아들이자 다른 사람들도 인정할 수밖에 없었지요.

내가 소련을 탈출하여 미국에 온 것이 1933년이니까 우주가 팽창하고 있다는 것이 막 밝혀진 때였지요. 당시에는 팽창하는 우주가 모든 과학자들의 최고의 관심거리였어요.

우주가 팽창하고 있다면 과거에는 현재보다 더 작았을 것이고, 그렇게 작아지다 보면 우주가 시작하는 때도 있었을 거예요. 우주가 시작된다는 것은 생각만 해도 가슴이 뛰는 일이에요. 지구가 만들어진다거나 태양계가 만들어진다는 것도 대단한 사건임에 틀림없어요. 그런데 이건 태양계와는 비교도 할 수 없이 거대한 우리 우주가 과거 어느 시점에 태어났을 지도 모른다는 거지요. 이거야말로 인간이 생각해 낼 수 있는 가장 큰 사건이라고 할 수 있지 않겠어요?

내가 미국에 정착한 후에 이 문제에 관심을 가진 것은 어쩌면 당연한 일이었을 거예요. 과학자라면 누구나 가장 위대한 연구를 해 보고 싶을 거예요. 우주가 어떻게 시작되는 지를 연구하는 것보다 더 위대한 연구가 어디 있겠어요?

우주가 어떻게 시작되었을까를 연구하기 위해 내가 처음 한 일은 과거의 우주가 어땠을까를 계산해 내는 일이었어요. 우리는 관측을 통해 우주의 현재 상태에 대해 알고 있어요. 따라서 우주의 과거나 미래를 연구하려면 우주의 현재 상태를 출발점으로 삼아야 해요. 우주의 현재 상태에서 출발해 크기를 줄여 가면 온도와 밀도가 올라가게 되지요. 다행히 허블의 관측으로 현재 우주가 어떤 속도로 팽창하고 있는지를 알고 있었어요. 따라서 팽창 과정을 거꾸로 돌리면 과거의 우주가 어땠는지를 알 수 있을 거라고 생각한 것이지요.

풍선에 바람을 넣고 사방에서 똑같은 압력으로 눌러 보세요. 풍선의 크기가 줄어들 거예요. 풍선이 줄어들면 풍선 안에는 2가지 변화가 일어나요. 하나는 밀도가 높아지는 것이고, 하나는 온도가 올라가는 것이에요. 밀도는 일정한 부피 속에 얼마나 많은 물질이 들어 있는가 하는 것을 나타내는 것이므로 부피가 감소하면 밀도가 올라가는 것은 당연하겠지요. 풍선의 부피가 감소할 때 온도가 올라가는 것을 느끼기

는 힘들 거예요. 아주 작은 변화거든요. 하지만 부피를 많이 변화시키면 온도가 높아지는 것을 쉽게 알 수 있겠지요. 이와 마찬가지로 우주가 과거로 돌아가서 부피가 작아지면 밀도와 온도가 올라가는 변화가 일어날 거예요. 나는 시간을 거꾸로 돌리면서 우주의 밀도와 온도가 어떻게 변하는지 계산해 보기로 했어요. 무슨 대단한 물리 법칙을 사용한 것도 아니에요. 고등학교나 대학교 1, 2학년에서 배우는 간단한 열 물리학 법칙을 이용하여 과거 우주의 상태를 알아보는 계산을 한 것이지요.

우주의 시간을 거꾸로 돌려 가면서 우주가 어떤 상태였는지를 계산하는 동안 깜짝 놀랄 결과가 나왔어요. 시간을 거꾸로 돌려 우주 창조의 순간에 가까워지자 밀도와 온도가 엄청나게 높아졌어요. 예상했던 일이기는 하지만 그 결과는 놀라웠어요. 나는 소련에 있을 때 핵물리학을 연구했었기 때문에 어떤 온도와 밀도에서 어떤 종류의 핵반응이 일어나는지 잘 알고 있었어요. 따라서 내가 계산한 우주 초기의 조건에서 어떤 일들이 일어날지를 예상하는 것은 어려운 일이 아니었지요.

내 계산에 따르면 우주 초기에는 온도가 너무 높아 양성자, 중성자, 전자가 원자를 이루지 못하고 따로따로 돌아다니고 있어야 했어요. 온도가 높으면 양성자, 중성자, 그리고 전자와 같은 입자들이 너무 빨리 움직이기 때문에 원자 하나에 머물러 있는 대신 마음대로 돌아다니게 되거든요. 현재는 양성자나 중성자, 그리고 전자보다 작은 여러 입자들이 발견되어 우주 초기에는 모든 물질이 양성자나 중성자 그리고 전자보다 더 작은 입자들로 나누어져 있었다는 것이 밝혀졌지요.

하지만 내가 이 연구를 시작하던 1940년대에는 양성자, 중성자, 전자가 가장 작은 입자라고 생각했기 때문에 모든 물질이 양성자, 중성자, 전자로 나누어져 있는 시점에서부터 우주가 진화하기 시작했다고 생각했어요.

현재로부터 시간을 거꾸로 돌려 우주 초기의 상태를 알아낸 다음에는 반대로 시간을 천천히 앞으로 흘러가게 하면서

어떤 일이 일어나는지를 조사하기 시작했어요. 온도와 밀도가 높아 모든 것이 양성자와 중성자, 그리고 전자로 분리되어 있던 상태로부터 시간을 앞으로 돌리면서 어떤 일들이 일어나는지 알아보기 위해서는 아주 짧은 시간 간격으로 조사해야 해요. 하지만 이 일은 엄청난 작업이었어요.

당시에는 컴퓨터가 없었기 때문에 모든 것을 직접 계산해야 했거든요. 컴퓨터도 없이 아주 짧은 시간 간격으로 우주를 팽창시켜 가면서 온도와 밀도의 변화를 추적하고, 그에 따라 물질들이 어떻게 변해 가는지를 계산하는 것은 너무 힘든 작업이어서 나는 거의 이 일을 포기할 뻔했어요. 이때 내가 만난 사람이 알퍼예요. 알퍼는 대단한 수학적 능력을 가지고 있던 젊은 과학자였어요. 게다가 성실하고 열정적이기까지 했지요. 능력이 있고 성실한 데다 천문학에 대한 열정까지 가지고 있던 알퍼를 만난 것은 나에게는 그야말로 행운이었지요. 알퍼가 없었다면 나는 '빅뱅 우주론'이라는 커다란 연구를 해낼 수 없었을 거예요.

나는 알퍼와 만난 후 모든 연구를 처음부터 다시 검토해 보았어요. 우리의 연구 목표는 2가지였어요. 하나는 양성자, 중성자 그리고 전자로 이루어진 뜨겁고 밀도가 높았던 수프 상태에서 시작하여 오늘날 존재하는 원자들이 어떻게 만들어졌는지를 알아내는 것이었지요. 또 하나는 이렇게 만들어진 원자들이 어떻게 은하와 별들을 만들게 되었는지를 알아보는 거였어요. 그야말로 세상에서 가장 원대한 연구 목표였지요.

나는 알퍼에게 우선 초기 우주의 뜨거운 수프에서 어떻게 원자핵들이 만들어졌는지를 연구하도록 했어요. 양성자와 중성자는 결합력이 강하기 때문에 높은 온도에서도 결합하여 원자핵을 만들 수 있어요. 하지만 전자는 결합력이 약해 온도가 낮아져야만 원자핵과 결합하여 원자를 만들 수 있어요. 앞에서 이야기한 대로 우주가 막 시작되었을 때는 온도가 너무 높아 양성자나 중성자가 결합하여 원자핵을 만들 수 없었어요. 그러나 우주가 팽창하면서 온도가 어느 정도 내려가자 양성자와 중성자가 결합하여 원자핵을 만들게 되었을 거예요. 알퍼에게 연구하도록 한 것이 바로 이 원자핵이 만들어지는 과정이었어요. 초기 우주가 급격히 팽창하면서 온도가 내려감에 따라 어느 시점에 어떤 종류의 원자핵이 얼마나 만들어지는지를 알아보자는 것이었지요.

즉, 우주 초기에는 온도가 너무 높아 양성자와 중성자가 빠르게 운동하고 있었기 때문에 서로 결합할 수 없었겠지만 우주가 팽창하면서 우주의 온도는 원자핵이 합성될 수 있을 정

도로 내려갔을 거예요. 그리고 시간이 조금 더 지난 후에는 우주의 온도가 너무 내려가 양성자와 중성자가 핵융합을 하기에는 너무 낮은 온도가 되었을 거예요. 온도가 너무 낮아도 양성자와 중성자가 결합하는 일은 일어나지 않거든요. 그러니까 양성자와 중성자가 결합하여 원자핵을 형성하기 위해서는 온도가 너무 높아도 안 되고 너무 낮아도 안 돼요. 우주가 식어 가면서 적당한 온도 상태에 있을 때만 원자핵이 만들어질 수 있지요.

나는 알퍼에게 온도가 원자핵을 만들기에 적당했던 짧은 시간 동안에 어떤 원자핵들이 얼마나 만들어졌는지 계산해 보도록 했어요. 하지만 알퍼 같은 계산의 천재도 3년이라는 시간이 걸렸다는 것은 이 계산이 얼마나 어려운 것이었는지를 잘 보여 주는 것이겠지요.

알퍼는 계산을 통해 우주가 원자핵을 만들기에 적당한 온도와 밀도를 가지고 있던 시간은 아주 짧아 불과 몇 분밖에 안 된다는 것을 밝혀냈어요. 그러니까 불과 몇 분만에 뜨거운 양성자, 중성자, 전자의 수프 상태로부터 우주의 모든 원자핵이 만들어졌다는 것이지요. 그뿐만 아니라 나와 알퍼는 최초에 만들어진 원자핵들의 종류와 비율도 계산해 냈어요. 원자핵 합성이 끝날 쯤에는 10개의 수소에 1개의 헬륨 원자핵 비율로 헬륨 원자핵이 만들어졌다는 것을 계산해 낸 것이지요. 수소 원자핵은 양성자 그 자체예요. 헬륨 원자핵은 양성자 2개와 중성자 2개가 결합되어 만들어지지요. 그러니까 우주 초기에 있었던 짧은 시간 동안의 원자핵 합성에서 10개의 양성자는 결합되지 않은 채 그대로 남아 있고, 1개의 헬륨 원자핵이 만들어졌다는 것을 알게 된 것이지요.

이것은 천문학자들이 현재 우주에서 측정한 것과 정확히 일치하는 값이었어요. 현재 우주는 약 90%의 수소와 10%의 헬륨으로 이루어져 있거든요. 다른 원소들은 모두 합해도 0.01%도 안 되지요. 따라서 우리 계산은 우주가 왜 대부분 수소와 헬륨으로 이루어졌는지를 설명할 수 있었어요. 이것은 대단한 성과였지요. 나는 이 결과를 1948년 4월 1일에 〈화학 원소의 기원〉이라는 제목으로 발표했어요. 이 논문의 저자에 나의 친구였던 베테(Hans Bethe, 1906~2005)의 이름을 포함시킨 것은 단순히 재미를 위해서였어요. 베테의 이름을 포함시키면 사람들이 이 논문을 알파베타감마(알퍼, 베테, 가모) 논문으로 기억해 줄 것이라고 생각했거든요. 내 의도대로 이 논문은 알파베타감마 논문이라는 이름으로 널리 알려졌어요.

알파베타감마 논문을 학술 잡지에 발표한 후, 알퍼는 그 내

용을 정리하여 박사 학위 논문을 썼어요. 알퍼의 박사 학위 논문은 1948년 봄에 발표되었지요. 대개 박사 학위 논문은 심사 위원들과 특별히 관심을 가진 학자들만 모여서 비공개로 하는 것이 보통이에요. 하지만 알퍼의 논문은 발표하기 전부터 많은 사람들의 주목을 받고 있었지요. 그래서 알퍼는 신문 기자를 포함하여 300명이나 되는 관중 앞에서 논문을 발표하고, 심사 위원들의 질문에 대답해야 했지요. 나는 그 때 알퍼의 지도 교수였으므로 심사 위원이었지요.

우주의 모든 원자핵이 최초 300초 만에 만들어졌다는 알퍼의 발표는 대성공을 거두었어요. 다음날 미국 신문에는 알퍼

의 발표 내용이 크게 실렸지요. 〈워싱턴 포스트〉지에는 '세상이 5분 만에 만들어졌다'라는 제목의 기사가 실렸고, 많은 신문과 잡지들이 다투어 해설 기사를 실었어요. 그러나 이러한 축제는 오래가지 않았어요. 우리 계산 결과를 반대하는 사람들이 나타나기 시작했지요. 그들은 우리가 얻어 낸 수소와 헬륨의 비율은 우연한 일치일 뿐이라고 주장했어요. 더구나 우주에는 수소나 헬륨보다 무거운 원소, 즉 질소와 탄소, 산소, 철과 같은 원소들도 적은 양이기는 하지만 존재하고 있거든요. 그러나 우리 계산으로는 우주 초기에 그런 원소들이 어떻게 만들어지는지를 설명할 수 없었어요. 따라서 우리의 이론을 반대하는 사람들의 공격을 막아 낼 수가 없었지요. 우리는 크게 실망하지 않을 수 없었어요. 해결책이 보이지 않았거든요.

그래서 우리는 이 문제를 잠시 미루어 놓기로 했어요. 그 대신 수소와 헬륨이 만들어진 후 우주가 계속 팽창하면 어떤 일이 벌어지는지 알아보기로 했어요. 우리는 이 일을 하기 위해 헤르만이라는 젊은이를 연구팀에 합류시켰어요. 첫 번째 수업에서 이야기했던 대로 헤르만은 러시아 유대인 이민자 후손이었기 때문에 우리와 마음이 잘 맞았어요. 이제 다시 우주 초기로 돌아가 우주가 발전해 나가는 과정을 연구하

기 시작했어요. 알퍼와 내가 연구했던 것과 마찬가지로 우주는 초기의 짧은 순간에 수소와 헬륨 원자핵을 만들었어요. 그 이후에도 팽창을 계속하여 온도와 밀도는 점점 작아졌지요. 하지만 전자가 원자핵과 결합하여 원자를 만들기에는 아직 온도가 너무 높았어요. 따라서 이 시기는 원자핵과 전자가 수프 상태를 이루고 있는 그런 우주였어요.

이런 우주는 그 후 약 30만 년 동안 계속되었어요. 만약 우리가 이 시기의 우주로 간다면 우주는 온통 환하지만 아무것도 볼 수는 없었을 거예요. 우주에 가득한 전자들이 짙은 안개처럼 빛을 반사시켜 빛은 1cm도 똑바로 나가지 못할 테니까요. 환하지만 아무것도 볼 수 없는 우주, 짙은 전자 안개에 가려서 바로 눈앞의 물체도 볼 수 없는 불투명한 우주가 우리 우주 초기의 모습이지요.

우리는 계산을 통해 변해 가는 모습을 계속 추적했어요. 시간이 지남에 따라 우주가 팽창하면서 우주의 에너지는 더 큰 부피에 퍼지게 되어 온도는 점점 낮아졌지요. 그리고 우주의 온도는 30만 년에 걸쳐 약 3,000℃까지 내려갔어요. 3,000℃는 전자와 원자핵이 결합해 원자를 형성할 수 있는 온도이지요. 이때 우주에서는 안개가 갑자기 걷혔어요. 전자들이 원자핵과 결합하여 버렸기 때문에 더 이상 빛이 반사되지 않았던 거예요. 이제 빛은 아무런 방해를 받지 않고 마음대로 우주를 날아다니게 되었어요. 우주가 갑자기 투명해진 것이지요.

만약 우리의 이런 계산이 옳다면 그때 우주를 달리기 시작한 빛은 지금도 우주를 달리고 있어야 해요. 그러나 이 빛은 우주가 팽창함에 따라 파장이 길어져 이제는 눈으로는 볼 수 없는 마이크로파가 되어 있을 거예요. 이런 전자기파를 우주 흑체 복사라고 해요. 만약 우주 여기저기를 떠돌고 있는 우주 흑체 복사를 발견한다면 우리의 계산이 옳다는 것을 증명할 수 있을 거예요. 이것은 알파베타감마 논문에서 계산한 수소와 헬륨의 비율이 현재 발견한 수소와 헬륨의 비율과 같다는 것보다 훨씬 확실하게 우리 이론을 증명해 주는 증거가 될 거예요.

수소와 헬륨의 비율은 미리부터 알고 있었으므로 그런 결과가 나오도록 계산을 짜 맞추었다고 비난할 수도 있었어요.

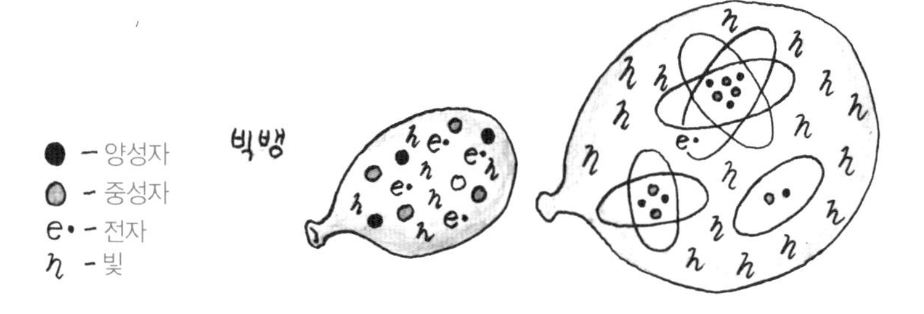

하지만 우주 흑체 복사의 존재는 오로지 우리의 계산을 통해서만 제시된 것이에요. 따라서 누군가 우주 흑체 복사를 찾아내기만 하면 우리의 이론이 옳다는 확실한 증거가 될 것이라고 생각했어요. 하지만 누구도 우주 흑체 복사를 찾아내려는 시도를 하지 않았어요. 기술적으로 어려운 것은 물론이고 우리의 이론을 심각하게 받아들이는 사람이 거의 없었기 때문이었지요. 우리는 우리의 이론과 계산이 옳다는 것을 굳게 믿었지만 그것을 다른 사람에게 설득시키기는 어려웠어요. 하긴 우주가 과거 어느 순간 갑자기 시작되었다는 것을 누가 쉽게 믿을 수 있었겠어요?

다른 사람들이 우리가 제시한 우주론을 쉽사리 받아들이지 않았던 것은 수소와 헬륨의 비율을 성공적으로 계산해 낸 것 외에는 이 이론을 증명해 줄 확실한 증거가 없었기 때문이었어요. 오히려 우리 이론에 불리한 증거들이 많았지요. 그 중에 하나가 우주의 나이와 지구의 나이였어요.

당시에는 우주의 나이를 구할 때, 우리 은하와 안드로메다은하 사이의 거리를 안드로메다은하가 우리 은하에서 멀어지는 속도로 나누어 구했어요. 그러나 안드로메다은하까지의 거리를 90만 광년이라고 생각하고 있었기 때문에 우주의 나이는 불과 몇 억 년밖에 안 되었지요. 반면에 지구의 나이는 지구에서 발견된 암석의 방사성 동위 원소의 양을 이용해서 계산했어요. 이렇게 계산한 지구의 나이는 10억 년이 훨씬 넘었지요. 즉, 우주의 나이가 지구의 나이보다 어리다는 결과였어요.

우주의 나이가 그 안에 있는 지구의 나이보다 어리다는 것은 말도 안 되는 결과였어요. 그것은 마치 아버지의 나이가 아들의 나이보다 어리다고 주장하는 것이나 마찬가지였거든요. 이런 주장에 대해 우리는 제대로 반박할 수 없었어요. 올바른 이론을 만들었지만 그것을 증명할 수 없었던 것이지요. 그래서 한때 우리는 연구를 포기하고 각자의 독립된 연구를 위해 뿔뿔이 흩어지기도 했어요.

만화로 본문 읽기

현재 우주가 팽창하고 있으니까, 팽창 과정을 거꾸로 돌리면 과거의 우주가 어땠는지 알 수 있지 않나요?
좋은 생각이에요.

풍선을 사방에서 똑같은 압력으로 누르면 풍선이 줄어들면서 풍선 안 밀도가 높아지고, 온도가 올라가는 변화가 일어나지요.
우주도 과거로 돌아가서 부피가 작아지면 밀도와 온도가 올라가는 변화가 일어난다는 것이죠?
압력
밀도↑
온도↑
압력
압력

그래요. 나는 시간을 거꾸로 돌리면서 우주의 밀도와 온도의 변화를 계산해 봤는데 깜짝 놀랄 결과가 나왔어요.
어떤 결과였나요?
아니, 이럴 수가!!

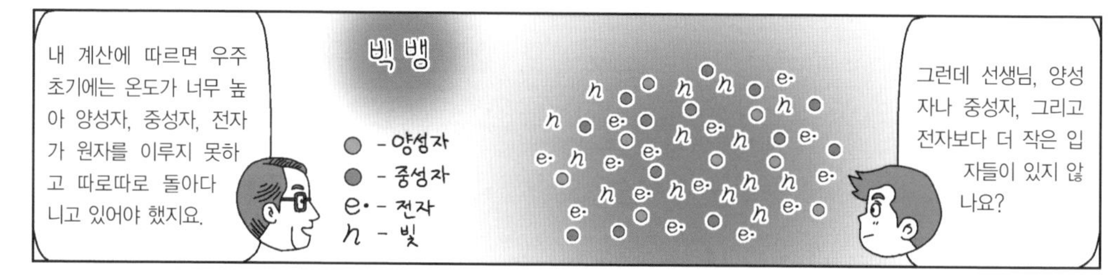

내 계산에 따르면 우주 초기에는 온도가 너무 높아 양성자, 중성자, 전자가 원자를 이루지 못하고 따로따로 돌아다니고 있어야 했지요.
빅 뱅
- 양성자
- 중성자
e· - 전자
n - 빛
그런데 선생님, 양성자나 중성자, 그리고 전자보다 더 작은 입자들이 있지 않나요?

내가 연구하던 시기는 양성자, 중성자, 전자가 가장 작은 입자라고 생각했답니다.
그래서 모든 물질이 이 입자로 나누어져 있는 시점부터 우주가 진화하기 시작했다고 생각하신 거군요.
양성자, 중성자, 전자가 가장 작지!

현재는 여러 입자들이 발견되어 우주 초기에 양성자, 중성자 그리고 전자보다 더 작은 입자들로 나누어져 있었다는 것이 밝혀졌지요.
그렇군요.
원자보다 더 작은 입자가 있었어!

일곱 번째 수업

7

정상 우주론

'빅뱅' 이라는 말은 어떻게 생겨났을까요?
정상 우주론과 빅뱅 우주론에 대해 알아봅시다.

일곱 번째 수업

정상 우주론

교과연계		
	초등 과학 5-2	7. 태양의 가족
	중등 과학 2	3. 지구와 별
	중등 과학 3	7. 태양계의 운동
	고등 지학 I	3. 신비한 우주
	고등 지학 II	4. 천체와 우주

가모가
새로운 우주론의 탄생을 언급하면서
일곱 번째 수업을 시작했다.

나와 알퍼 그리고 헤르만으로 구성된 연구팀이 미국에서 우주 초기의 발전 과정에 대해 연구하고 있을 때, 영국에서는 호일을 중심으로 한 팀이 우리와는 전혀 다른 우주론을 만들고 있었어요. 호일은 우리 팀이 연구한 우주론의 가장 강력한 비판자였지요. 하지만 우리 우주론의 발전에 도움을 주기도 했어요.

호일은 어려서부터 관찰과 탐구력에서 남다른 능력을 보였다고 알려져 있어요. 하지만 그는 학교에서는 게으른 학생이었던 모양이에요. 학교에 빠지는 일도 자주 있었고 선생님께

대들기도 했었다고 해요. 그러나 나이가 든 후에 천문학에 흥미를 느끼면서 체계적인 교육을 받기로 결심하게 되고, 우수한 학생이 되었지요. 내가 소련을 탈출하여 미국으로 가던 1933년에 호일은 영국 케임브리지 대학에 진학하여 수학과 천문학을 공부했어요. 호일은 후에 골드 그리고 본디와 함께 정상 우주론을 만들게 되는데 호일이 이들을 만난 것은 군대에서였어요.

제2차 세계 대전이 일어나자 호일은 해군에 입대하여 레이더를 연구하는 일을 했어요. 그곳에서 호일은 일생을 같이하게 될 동료인 골드와 본디를 만났어요. 세 사람은 군대에 있는 동안 같은 방을 사용하면서 낮에는 더 나은 레이더를 만들기 위한 연구를 하고 밤에는 천문학에 관한 토론을 했지요. 그들은 특히 허블의 팽창하는 우주에 대한 관측과 그것의 의미에 대해 관심이 많았어요. 따라서 이 문제에 대해 많은 토론을 벌였지요.

전쟁이 끝난 후에 호일, 골드 그리고 본디는 천문학, 수학, 공학 분야에서 각각 연구를 계속했어요. 그러나 그들은 모두 케임브리지 부근에 살았기 때문에 밤이면 본디의 집에 모여 경쟁적인 두 이론인 팽창하는 우주 모델과 영원하고 변화가 없는 우주론의 장점과 단점에 대해 이야기했어요. 그들은 우리 연구팀이 발표한 우주 초기의 발전 모델에 대해 매우 비판적이었어요. 다른 학자들과 마찬가지로 우리의 우주 발전 모델을 받아들이지 않았지요. 그들이 우리 우주론을 배척한 가장 큰 이유는 우주의 나이가 지구의 나이보다 젊다는 것이었어요.

1946년 호일을 중심으로 하는 케임브리지 삼총사는 드디어 우리의 우주론과는 반대되는 새로운 우주론을 만들어 냈어요. 그들이 만든 우주론은 절대로 어울리는 것이 가능해 보이지 않던 이론들을 절충하여 만든 독특한 것이었지요.

그들은 우주가 영원하며 변하지 않는다는 사실과 우주가 팽창하고 있다는 사실을 모두 받아들였어요. 다시 말해 우주가 팽창하고 있기는 하지만 영원하고 근본적으로는 변화하지 않는 그런 우주론을 만들어 낸 것이지요. 그때까지 팽창하는 우주는 당연히 우주가 창조되는 순간을 가지고 있어야 한다고 생각했어요. 그러나 이들이 만든 우주론은 허블이 관측한 우주가 팽창한다는 사실을 인정하면서도 창조의 순간은 없이 우주가 변함없이 영원히 존재할 수 있도록 한 우주론이었어요.

이 우주론을 처음으로 착상한 사람은 골드였다고 전해지고 있어요. 정상 우주론이라고 부르는 이 우주론에 의하면 우주는 팽창하기는 하지만 전체적으로는 변하지 않는 채 영원히

존재한다는 것이지요. 만약 우주가 팽창하기만 한다면 시간이 지남에 따라 우주의 밀도가 작아질 것이에요. 따라서 우주가 변함없이 존재할 수는 없어요. 그러나 골드는 우주가 팽창함에 따라 넓어지는 은하 사이의 공간에 새로운 물질이 창조되어 밀도가 작아지는 것을 보충해 준다는 이론을 만들어 냈어요. 따라서 우주의 전체적인 밀도는 같은 값으로 유지될 수 있다고 했지요. 그러한 우주는 틀림없이 발전하고 팽창하지만 전체적으로는 변하지 않고 영원히 존재할 수 있지요. 팽창하고 진화하지만 변하지 않는 정상 우주론을 골드가 처음 제안했을 때 호일과 본디마저도 도저히 받아들일 수 없는 이론이라고 펄쩍 뛰었다고 해요. 하지만 여러 가지 계산을 해 보고 그동안의 관측 자료와 비교해 본 그들은 이 우주론이 아무런 모순 없이 많은 것을 설명할 수 있다는 사실을 알게 되었어요. 그래서 세 사람은 이러한 생각에 기초를 둔 우주론을 발전시켰고, 1949년에 이 우주론에 관한 2편의 논문을 발표했어요.

그러나 팽창하지만 전체적으로 변화하지 않는 우주를 나타내는 정상 우주론에는 한 가지 큰 의문점이 있어요. 우주가 팽창될 때 생기는 공간을 메우기 위해 만들어지는 물질은 어디에서 왔는가 하는 것이지요. 호일은 그것은 아무런 문제가

되지 않는다고 주장했어요. 창조의 순간이 있고, 팽창하며 변해 가는 우주론에서는 모든 에너지와 물질이 우주가 시작되는 순간에 생겨났다고 주장하는데 그것보다는 우주의 팽창과 함께 서서히 만들어진다는 것이 훨씬 더 그럴듯하다고 주장한 거예요.

이제 과학자들은 2개의 우주론 중에서 하나를 선택해야 했어요. 우주가 과거 어떤 순간에 창조되어 팽창해 가고 있으며 따라서 유한한 역사를 가지고 있다는 우리의 우주론과 계속적으로 물질이 창조되면서도 전체적으로 같은 모습을 유지하고 있어 영원한 역사를 가지고 있는 정상 우주론 중에서 하나를 선택해야 했던 것이지요.

우리 연구팀과 마찬가지로 호일의 연구팀도 자신들이 주장한 정상 우주론이 실제 우주를 나타낸다는 것을 증명하고 싶어 했어요. 그들은 은하의 분포를 조사해 보면 자신들의 주장이 옳다는 것을 확인할 수 있을 것이라고 제안했어요. 정상 우주론에 의하면 새로운 물질이 모든 곳에서 만들어지고 있고, 이 물질들은 일정한 시간이 흐른 후에 새로운 은하를 형성할 것이에요. 이렇게 새로 만들어지는 아기 은하는 우리 이웃에도 있을 수 있고 우주의 반대편에도 있을 수 있으며 그 사이에도 있을 수 있어야 해요. 우주 어디에서나 물질이 만들어지고 그 물질이 은하를 형성하기 때문이지요.

그러나 우주가 어느 순간 창조되어 팽창하고, 변해 간다는 우리 연구팀의 우주론이 옳다면 아기 은하는 아주 멀리 떨어진 곳에서만 발견되어야 했어요. 만약 우주 전체가 동시에 창조되어 팽창하고 있다면 아기 우주는 우주 초기에만 있었을 거예요. 또한 현재 은하들은 거의 같은 시기에 만들어졌을 것이므로 은하들의 나이는 거의 비슷할 거예요. 하지만 아주 먼 곳에 있는 은하에서 오는 빛은 우리에게 도달하는 데 오랜 시간이 걸려요. 따라서 우주 저쪽에서 오는 빛은 은하가 아주 어릴 때 낸 빛이지요. 따라서 아주 성능이 좋은 망원경으로 우주 반대편에 있는 은하들을 관측할 수 있다면 어느 우주론이 옳은지 알 수 있을 것이라고 생각했지요. 아기 은하는 나이가 많은 은하와는 다른 점을 가지고 있을 테니까요.

다시 말해 아기 은하와 나이 많은 은하가 여기저기 섞여 있으면 정상 우주론이 옳은 것이고 가까운 곳에는 나이 많은 은하만 있고 먼 곳에서는 아기 은하만 관측된다면 우주가 어느 순간에 창조되어 팽창하고 변해 간다는 우리의 우주론이 옳은 것이지요.

그러나 불행하게도 정상 우주론과 우리의 우주론이 대결을 벌이고 있던 1940년대는 세계에서 가장 좋은 망원경도 아기 은하와 나이 많은 은하를 구별할 수 있을 만큼 성능이 좋지 않았어요. 따라서 아기 은하들이 어느 곳에 많이 분포하는지 알 수 없었고, 두 우주론 사이의 대결은 해결되지 못한 채로 남게 되었어요.

호일은 뛰어난 과학자이기도 했지만 대중 강연에서도 남다른 능력을 발휘했던 사람이에요. 많은 사람들이 이해하기 쉬운 과학책을 써서 과학을 널리 알리는 데에도 앞장섰던 사람이지요. 1950년에는 영국 방송공사(BBC)의 라디오 프로그램에 여러 차례 출연하여 우주론에 대한 강의를 하기도 했어요. 이 강연 중에 호일은 역사에 남을 중요한 말을 했어요. 그는 자신이 주장한 정상 우주론을 자세하게 설명한 다음 우

리 연구팀의 팽창하는 우주론에 대해서도 설명했어요. 그러면서 우주가 과거에 '크게 꽝!(Big Bang!)'하고 폭발하면서 시작됐다고 주장하는 사람들도 있는데 그게 말이나 되느냐고 이야기했지요. 이 말을 할 때 호일은 매우 과장되고 경멸하는 어조로 이야기했다고 해요.

이 말 때문에 우리 우주론에는 빅뱅 우주론이라는 명칭이 붙게 되었어요. 이전에는 '역동적으로 진화하는 우주론'이라고 불리고 있었는데 호일이 이름을 붙여 준 것이지요. 우리 이론의 가장 강력한 적이 이름을 붙여주었다는 것은 참 재미있는 일이에요. 이 사건으로 이제 우주론은 빅뱅 우주론과 정상 우주론의 대결이 되었어요.

어떤 사람들은 빅뱅 우주론이라는 명칭이 적당하지 않다고 생각했어요. '크게 꽝!'하고 폭발했다는 뜻의 빅뱅이라는 말은 우주의 기원을 설명하는 이론의 명칭으로는 적당하지 않다는 것이었지요. 그래서 1993년에 '하늘과 망원경'이라는 잡지사에서 빅뱅이라는 이름을 대신할 다른 이름을 공모하였어요. 41개국에서 총 1만 3,099개의 새로운 이름이 제안되었지만 유명한 천문학자였던 칼 세이건(Carl Sagan, 1934~1996)을 비롯한 심사 위원들의 마음에 든 새로운 이름은 없었어요. 그래서 심사 위원들은 빅뱅이라는 명칭을 그대로 사용하기로 결정했어요. 사람들 중에는 빅뱅이라는 이름이 창조의 과정을 나타내는 짧고 힘차며 기억하기 쉬운 이름이라고 주장하기도 했어요.

1950년대는 우리 두 이론이 극단적으로 대립했던 시기예요. 따라서 두 이론 사이에 가장 격렬한 싸움이 벌어졌지요. 어떤 때는 점잖은 이론의 대결이었지만 어떤 때는 감정 대립으로 가기도 했어요.

이제 두 우주론은 누군가가 나타나 어느 이론이 옳은지 판정해 주기만을 기다리는 수밖에 없었어요.

그러나 두 이론 사이의 열띤 논쟁도 시간이 지나자 시들해졌어요. 앞에서 이야기한 대로 나와 알퍼 그리고 헤르만이

중심이 되었던 빅뱅 우주론 연구팀도 해체되었어요. 호일도 우주론에 대한 연구보다는 다른 연구에 많은 시간을 보냈지요. 그렇게 해서 우주론에 대한 논쟁은 한동안 잠잠해지게 되었어요. 하지만 뜻밖의 사건이 이 문제를 다시 무대의 중앙으로 불러들였어요.

만화로 본문 읽기

선생님의 우주론에 대해 반대하던 사람들은 누구였나요?
바로 호일이었죠. 오늘은 호일에 대해 알려 줄게요.

1915년에 영국에서 태어난 호일은 후에 골드와 본디와 함께 정상 우주론을 주장했어요.
정상 우주론은 무엇인가요?
정상 우주론
호일
골드
본디

우주 팽창에 따라 새로운 물질이 창조되어 밀도가 작아지는 것을 보충함으로써 우주가 영원히 존재한다는 이론이에요.
그렇군요.
〈우주〉

이제 과학자들은 선생님의 우주론과 정상 우주론 중에서 하나를 선택해야겠네요.
나와 마찬가지로 호일도 자신이 주장한 우주론이 실제 우주를 나타낸다는 것을 증명하고 싶어 했어요.
호일
가모브

각자의 주장이 옳다는 것을 어떻게 확인할 수 있나요?
관측을 통해 아기 은하와 나이 많은 은하가 여기저기 섞여 있으면 정상 우주론이 옳은 것이고, 서로 떨어져 있다면 나의 우주론이 옳은 것이지요.
호일
어서 관측해 봐야지!

그러나 당시에는 은하의 나이를 구별할 정도로 망원경의 성능이 좋지 않았어요. 그래서 두 우주론 사이의 대결은 해결되지 못한 채로 남게 되었지요.
아쉽네요.
지금의 망원경으로는 은하의 관측이 불가능해.

마지막 수업 8

우주 흑체 복사를 찾아라

우주 흑체 복사란 무엇일까요?

빅뱅 우주론이 정통 우주론으로 자리 잡기까지의 과정에 대해서 알아봅시다.

8

마지막 수업

우주 흑체 복사를 찾아라

교과연계	
초등 과학 5-2	7. 태양의 가족
중등 과학 2	3. 지구와 별
중등 과학 3	7. 태양계의 운동
고등 지학 I	3. 신비한 우주
고등 지학 II	4. 천체와 우주

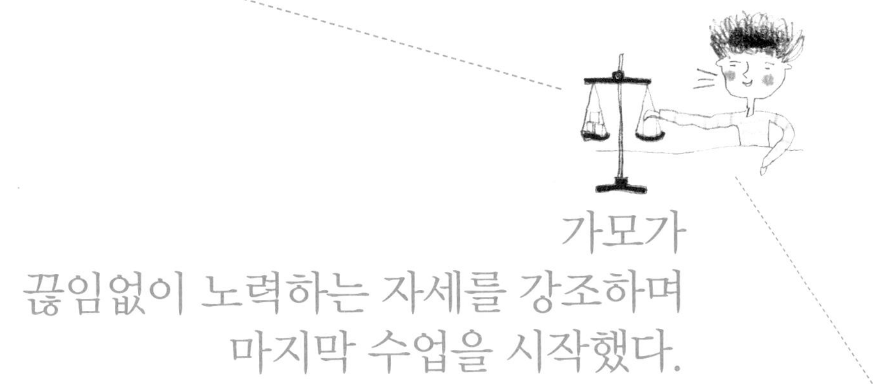

가모가
끊임없이 노력하는 자세를 강조하며
마지막 수업을 시작했다.

빅뱅 우주론이나 정상 우주론이 공통적으로 겪고 있던 문제가 하나 있었는데 그것은 우주에 존재하는 여러 가지 원소들이 어떻게 만들어졌느냐 하는 것을 성공적으로 설명할 수 없다는 것이었어요. 빅뱅 우주론에서는 수소와 헬륨은 우주 창조 초기에 만들어졌다고 주장했어요. 하지만 더 무거운 원소들이 어떻게 만들어졌는가 하는 것은 밝혀내지 못했어요. 무거운 원소들이 만들어지는 과정을 설명할 수 없는 것은 정상 우주론도 마찬가지였어요. 팽창하는 우주 공간에서 창조된 물질이 어떻게 무거운 원소로 변해 가는지를 설명할 수 없

었기 때문이었지요.

이 문제를 해결한 사람은 바로 호일이었어요. 그는 별의 내부에서 어떻게 무거운 원소들이 만들어지는가를 성공적으로 설명해 내는 데 중요한 역할을 했지요. 별의 내부에서는 온도와 밀도에 따라 여러 단계의 핵융합 반응이 일어나고 있어요. 핵융합 반응이란 작고 가벼운 원자핵들이 결합하여 무거운 원소를 만들어 내는 반응을 말해요. 그러니까 별들은 무거운 원소들을 만들어 내는 공장이라고 볼 수 있어요. 호일이 헬륨의 융합으로 더 무거운 원소를 만들어 내는 과정을 설명해 내기 전까지는 별의 내부에서 어떻게 무거운 원소들이 만들어지는지 아무도 몰랐던 거예요.

큰 별은 마지막에 대폭발을 하여 밝게 빛나게 되는데 이런 별을 초신성이라고 해요. 초신성이 폭발할 때도 무거운 원소들이 많이 만들어져요. 이렇게 만들어진 무거운 원소들이 공간에 흩어져 있다가 다시 뭉친 것이 지구와 같은 천체예요. 그래서 지구에는 철과 같은 무거운 원소들이 많아요. 그러니까 우주의 초기에는 가벼운 원소인 수소와 헬륨만 만들어졌고, 그 후 수소와 헬륨으로 만들어진 별의 내부에서 핵융합 반응에 의해 무거운 원소들이 만들어진 것이지요.

호일이 무거운 원소들이 어떻게 만들어졌는지를 밝혀내

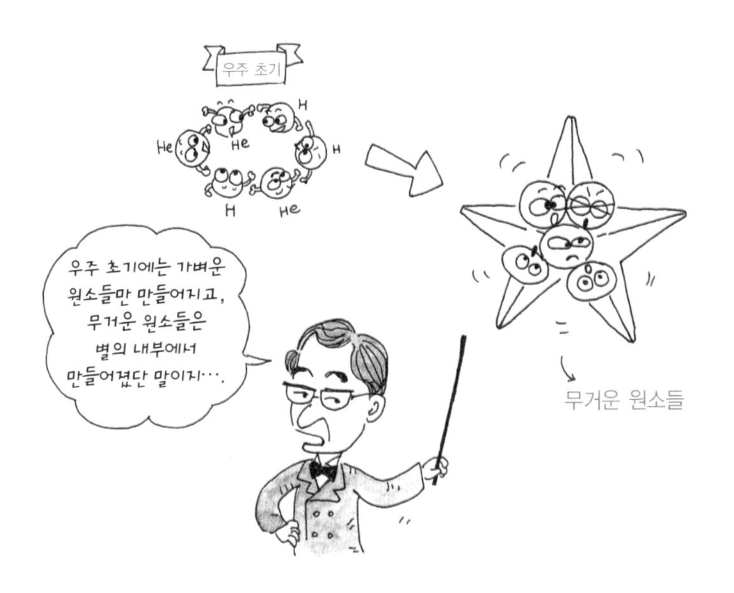

는 연구에 매달렸던 것은 빅뱅 우주론을 위해서가 아니고 자신의 정상 우주론을 위한 것이었어요. 하지만 이 문제가 해결되자 빅뱅 우주론이 정상 우주론보다 유리한 위치를 차지하게 되었어요. 우리가 만든 빅뱅 우주론은 이제 수소와 헬륨의 비율을 설명할 수 있을 뿐만 아니라 무거운 원소들이 어떻게 만들어졌는지도 설명할 수 있게 되었거든요. 하지만 호일의 정상 우주론은 무거운 원소가 만들어지는 과정은 설명할 수 있었지만 수소와 헬륨의 비율은 설명할 수 없었어요.

빅뱅 우주론의 가장 치명적인 결점이었던 우주의 나이가

지구의 나이보다 어리다는 문제도 천문학자들의 노력으로 해결되었어요. 안드로메다은하에서 여러 개의 변광성을 찾아낸 천문학자들은 안드로메다은하까지의 거리가 허블이 측정했던 것보다 훨씬 더 멀다는 것을 알게 되었고, 이를 바탕으로 다시 계산하자 우주의 나이가 지구의 나이와 비슷하게 늘어났어요. 측정을 통해 이렇게 우주의 나이가 늘어난다는 것은 앞으로 계속 있을 새로운 측정으로 우주의 나이는 더욱 늘어날 것이라는 희망을 가질 수 있게 해 주었지요. 실제로 여러 가지 측정을 통해 현재 우주의 나이는 약 150억 년이라는 것을 알게 되었어요. 지구와 태양계의 나이가 46억 년인 것에 비하면 우주의 나이는 훨씬 많다는 것이 밝혀진 것이지요.

게다가 전파 천문학의 발달로 우주에서 강한 전파를 내는 은하들을 많이 찾아냈어요. 이렇게 강한 전파를 내는 은하들은 대개 아주 먼 곳에서만 발견된다는 것도 확인되었지요. 과학자들은 강한 전파를 내는 이 은하들이 생성 초기에 있는 아기 은하라는 것을 알아냈어요. 그것은 다시 말해 아기 은하는 우주에 골고루 분포하는 것이 아니라 우주의 먼 곳에만 분포한다는 것을 뜻하는 것이었어요. 이것은 정상 우주론이 틀리고 우리가 주장한 빅뱅 우주론이 옳다는 강력한 증거였지요. 하지만 호일을 비롯한 정상 우주론의 지지자들은 이러한 증거를 받아들이려고 하지 않았어요. 몇 개의 전파 은하를 발견했다고 해서 그게 곧 빅뱅 우주론의 승리라고 인정할 수 없다는 것이었지요. 그들을 설득시키기 위해서는 더욱 확실한 증거가 필요했어요.

빅뱅 우주론이 옳다는 결정적인 증거를 찾아낸 사람은 미국 벨 전화 회사에 근무하던 펜지어스(Arno Penzias, 1933~)와 윌슨(Robert Wilson, 1936~)이었어요. 미국에서 가장 큰 전화 회사였던 벨 회사의 연구소는 전파를 이용해서 우주를 관찰하는 전파 천문학을 발전시키는 데도 큰 공헌을 했던 연구소였어요.

독일에서 나치를 피해 미국으로 온 펜지어스는 1961년에 박사 학위를 받고 벨 연구소의 연구원이 되었어요. 윌슨은 대학에 다니는 동안 교환 교수로 와 있던 호일의 강의를 듣고 호일의 정상 우주론에 호감을 가지고 있던 사람이었지요.

두 사람은 벨 연구소에서 함께 일하게 되었어요. 당시 벨 연구소에는 사용이 정지된 커다란 나팔 모양의 전파 안테나가 있었어요. 처음에는 통신 사업에 사용하기 위해 만든 안테나였는데 경제적인 이유로 사용하지 않기로 했지요. 그래서 이 안테나는 천문학 연구에 이용할 수 있게 되었어요. 이

안테나는 지역적 전파 방해로부터 잘 차단되어 있었고, 큰 크기로 인해 천체에서 오는 전파 신호를 매우 정확하게 찾아낼 수 있었어요. 통신에 사용하려고 만든 안테나가 이제 전파 망원경이 된 거예요.

펜지어스와 윌슨은 벨 연구소로부터 그들의 근무 시간 중에 이 망원경을 이용하여 하늘에서 오는 전파를 찾아내 분석할 수 있도록 허가를 받았어요. 그러나 그들은 본격적인 조사를 시작하기 전에 우선 전파 망원경을 충분히 이해하고 모든 특성을 알아야 된다고 생각했어요. 처음에 그들은 이 안테나가 잡아들이는 잡음이 어느 정도인지를 확인해야 했어요. 잡음이란 우리가 원하는 전파 신호 외에 모든 신호를 말해요. 라디오를 듣다 보면 가끔 원하지 않는 소리가 섞여 들리지요? 이 모든 소리가 잡음이에요. 하지만 라디오의 잡음은 우리가 듣고자 하는 소리보다 작기만 하면 상관이 없어요. 하지만 천체 연구에서는 그렇지 않아요. 우리 주위에서 나오는 잡음들에 대해 잘 알고 있어야 어느 것이 하늘에서 오는 신호인지 어느 것이 잡음인지 구별할 수 있거든요. 더구나 하늘에서 오는 전파 신호는 매우 약하기 때문에 잡음에 대해 아는 것은 더욱 중요하지요.

펜지어스와 윌슨은 잡음 수준을 점검하기 위해 은하가 없어 아무런 전파 신호도 오고 있지 않을 것이라고 생각되는 지점으로 전파 망원경을 향하도록 했어요. 따라서 이 방향에서 잡히는 모든 신호는 잡음이어야 했어요. 그들은 이런 방향에서 오는 잡음은 무시할 수 있을 정도로 작을 것이라고 생각하고 있었어요. 그러나 아무런 천체가 없는 방향에서도 잡음이 잡혔어요. 잡음은 그렇게 심하지는 않아서 그들이 하려고 하는 측정에 큰 영향을 줄 정도는 아니었어요. 따라서 대부분의 전파 천문학자들은 이 정도의 잡음은 무시하고 그들의 관측을 해 왔지요. 하지만 펜지어스와 윌슨은 여러 방향에서 오는 잡음에 대하여 가능한 한 정확하게 조사를 하기로 마음먹었어요.

잡음의 근원은 크게 2가지로 나눌 수 있었어요. 첫 번째는 멀리 있는 도시나 근처에 있는 전기 기구가 내는 잡음으로 망원경과는 아무 관계가 없는 잡음이었어요. 펜지어스와 윌슨은 주변에 전파를 내는 곳이 있는지 조사했어요. 심지어는 부근에 있는 도시 방향으로 안테나를 돌려 보기도 했지만 잡음이 증가하거나 감소하지 않았어요. 이 잡음은 망원경이 향하는 방향이나 관측 시간과는 관계없이 항상 똑같았어요.

두 사람은 이제 두 번째 형태의 잡음인 망원경 자체가 만들어 내는 잡음에 대해 조사하기로 했어요. 전파 망원경은 자

체적으로 전파를 낼 가능성이 있는 많은 부품으로 구성되어 있었어요. 펜지어스와 윌슨은 망원경 자체가 내는 잡음의 원인을 찾아내기 위해 전파 망원경의 모든 부품들을 조사했어요. 확실히 하기 위해 이미 아무 문제가 없어 보였던 연결 부분도 알루미늄 테이프로 감쌌어요. 알루미늄 테이프와 같은 도체로 감싸면 전파가 나오지 않거든요.

심지어는 나팔 모양의 안테나 안쪽에 둥지를 튼 한 쌍의 비둘기에도 신경을 썼어요. 두 사람은 안테나의 표면을 더럽힌 비둘기의 배설물이 잡음의 원인일지 모른다고 생각하고 새를 잡아 멀리 보낸 후 안테나가 반짝반짝 빛날 때까지 닦기도 했어요.

두 사람은 몇 년 동안이나 망원경을 닦아 내고, 배선을 새로 하는 등 잡음을 줄이기 위한 노력을 계속했어요. 그 결과 잡음은 작아지기는 했지만 아주 없어지지는 않았어요. 펜지어스와 윌슨은 남아 있는 잡음은 피할 수 없다고 생각하고 그것을 받아들일 수밖에 없다고 결론지었어요.

앞에서 이야기한 대로 나와 알퍼 그리고 헤르만은 빅뱅 후 30만 년 정도 지났을 때 우주에 커다란 변화가 있었다는 것을 계산을 통해 밝혔었어요. 이때의 우주 온도는 대략 3,000℃ 정도였지요. 이 온도는 자유롭게 날아다니던 전자들이 원자핵에 붙잡혀 안정된 원자를 이룰 수 있는 온도였어요.

전자가 원자 속으로 흡수되자 방해물이 없어진 빛은 마음대로 우주를 여행하게 되었어요. 이 빛은 시간이 흐르고 우주가 팽창함에 따라 파장이 늘어나, 현재는 약 1mm 정도의 파장을 가지는 마이크로파가 되어 우주를 떠돌고 있을 것이라고 예상했었어요. 그러나 우리가 했던 이러한 예측은 1960년에는 대부분의 과학자들에게 잊혀져 있었어요. 그러니 펜지어스와 윌슨이 우리의 예측을 알지 못한 채 자신이 찾아낸 이 마이크로파를 잡음이라 생각하고 없애려 했던 것은 당연한 일이었겠지요. 그러나 그들을 당황스럽게 하고 실망스럽게 했던 이 신비한 전파 잡음을 무시하지 않고 끝까지 추적했던 것은 대단한 일이었어요.

1963년 말쯤에 펜지어스는 몬트리올에서 열린 천문학회에 참석해서 자신들을 괴롭히고 있는 잡음에 대해 다른 사람들과 이야기했어요. 몇 달 후 같이 이야기했던 사람에게서 전화가 왔어요. 프린스턴 대학의 우주학자인 디케(Robert Dicke, 1916~1997)와 피블스(James Peebles, 1935~)의 논문 초안에 우주 흑체 복사에 대한 설명이 실렸다는 거였지요. 디케와 피블스는 우리 연구팀의 연구 결과를 알지 못한 채 독자적으로 우주 흑체 복사의 존재 가능성을 알아낸 것이었어요.

과학자의 비밀노트

우주 흑체 복사

특정한 천체가 아니라, 우주 공간의 배경을 이루며 모든 방향에서 같은 강도로 들어오는 전파이다. 0.1mm~20cm의 마이크로파로 2.7K의 흑체 복사(자신에게 입사되는 모든 전자기파를 100% 흡수하는, 반사율이 0인 가상의 물체를 흑체라고 하며, 흑체가 빛을 내보내는 것을 흑체 복사라고 함)를 나타낸다.

지금까지의 내용을 요약해 보면 나와 알퍼, 그리고 헤르만은 1948년에 우주 흑체 복사의 존재를 예측했지만 모든 사람들은 10여 년 동안 그러한 사실을 잊고 있었고, 1964년에 펜지어스와 윌슨이 우주 흑체 복사를 발견했지만 그것이 우주 흑체 복사인 줄 모르고 있었던 것이지요. 즉, 디케와 피블스는 1948년에 그런 예측이 있었다는 것을 모른 채 우주 흑체 복사를 다시 예측했고 펜지어스와 윌슨이 그 소식을 듣게 된 것이지요.

이렇게 되어 펜지어스와 윌슨은 전파 망원경을 오염시켰던 잡음의 원인을 이해하게 되었고, 그것이 얼마나 중요한 것인지 알게 되었어요. 그것은 우주의 창조와 밀접한 관계가 있는 것이었어요.

펜지어스는 디케에게 전화를 걸어 그가 우주 흑체 복사를 찾아냈다고 말해 주었어요. 다음날 디케의 연구팀은 펜지어스와 윌슨을 방문했어요. 전파 망원경에 대한 조사와 자료에 대한 검토를 끝낸 그들은 펜지어스와 윌슨이 우주 흑체 복사를 찾아냈다는 사실을 확인해 주었어요.

따라서 1965년 여름에 펜지어스와 윌슨은 그들의 결과를 천문학회지에 발표했어요. 이렇게 해서 우리가 처음 주장했던 빅뱅 우주론이 옳다는 확실한 증거가 발견되었어요. 우주 흑체 복사는 우주를 향해 충분히 민감한 전파 안테나를 돌리는 사람에게 발견되기를 기다리고 있었던 것이지요. 그리고 우연히도 그것은 펜지어스와 윌슨이었어요. 그러나 그들의

발견이 우연에 의한 것만은 아니었어요. 펜지어스와 윌슨이 우주 흑체 복사를 발견할 수 있었던 것은 그들의 결단력과 고집 그리고 진지함 때문이었어요.

드디어 빅뱅 우주론이 옳다는 것이 밝혀졌어요. 빅뱅 우주론의 성립에 공헌했던 사람들 중 허블과 프리드만, 그리고 아인슈타인은 이미 죽어 빅뱅 우주론이 증명되는 것을 지켜볼 수는 없었어요. 하지만 빅뱅 우주론의 창시자 중의 한 사람인 르메트르는 71세의 나이로 병원에서 우주 흑체 복사가 발견되었다는 소식을 들었어요. 물론 우리 연구팀에 속했던 나와 알퍼 그리고 헤르만도 그 소식을 들었지요. 하지만 우리는 조금의 기쁨보다는 큰 슬픔을 맛보아야 했어요.

우주 흑체 복사의 발견을 알린 논문이나 기사 어디에서도 우리의 이름이 발견되지 않았기 때문이었지요. 우리가 1948년에 처음 제안한 이론이었음에도 불구하고 모든 사람들은 디케와 피블스의 이론이라고 생각하고 있었어요. 우리의 개척자적인 노력은 어디에서도 인정받지 못했지요. 우리는 일생일대의 업적이 무시되는 것 같아 마음이 아팠어요. 우리는 이제 완전히 잊혀진 사람들 같았지요. 나는 기회가 있을 때마다 우주 흑체 복사는 우리가 먼저 예상했던 것이라는 것을 강조했지만 나의 주장에 귀를 기울여 주는 사람은 그리 많지

않았어요.

그러나 우리 연구를 알리려는 노력이 완전히 헛되지는 않았어요. 우리 연구에 대해 전해 들은 펜지어스가 나에게 자세한 자료를 보내 달라고 요청했어요. 나는 우리가 출판했던 논문들과 계산에 사용했던 자료들을 펜지어스에게 보냈어요. 펜지어스와 윌슨은 마침내 그들이 발견한 우주 흑체 복사의 존재를 맨 처음 예측한 사람들이 우리 연구팀이라는 것을 알게 되었어요.

우주 흑체 복사의 존재를 예측했던 우리의 연구가 완전히 잊혀졌던 것과는 달리 우주 흑체 복사를 발견한 펜지어스와 윌슨은 세계적인 명성을 얻었고, 1978년에는 노벨상을 받기

도 했어요. 노벨상을 받은 후 펜지어스는 노벨상 수상 기념 강연을 하는 자리에서 우리 연구팀의 공로를 인정하는 연설을 했어요. 이것으로 우리 연구팀은 어느 정도의 위로를 받았어요. 하지만 그때 나는 이 세상 사람이 아니었으므로 큰 위로가 되지 못했지만요.

이 정도의 인정은 빅뱅 우주론을 완성한 우리들에게는 턱없이 모자라는 것이었어요. 아마 우리 연구팀이 노벨상을 공동으로 수상했더라도 오히려 부족했을 거예요. 이렇게 이야기하는 것이 조금 쑥스럽기는 하지만 우리가 한 일은 지금까지 인류가 해낸 일 중에서 가장 큰 일이라고 생각되기 때문이에요.

우리의 영원한 적이었던 호일도 우주 흑체 복사 발견 소식을 들었어요. 하지만 그는 우주 흑체 복사의 발견에도 불구하고 빅뱅 우주론을 인정하지 않았고 자신의 패배를 인정하지 않았어요. 호일은 정상 우주론을 변형시킨 새로운 우주론을 만들고 자신의 우주론을 끝까지 고수했지요. 호일은 우리의 강력한 라이벌이기는 했지만 우주의 문제를 가지고 다투었던 사람이에요. 그것은 누구나 할 수 있는 일은 아니지요. 따라서 나와 다른 의견을 가지고 있었다고 해도 호일의 천재성과 우주론 발전에 기여한 그의 공로를 높이 평가하지 않을 수 없어요.

현재의 빅뱅 우주론은 우리가 처음 주장했던 것과는 세세한 면에서 많이 달라졌어요. 우리는 우주 초기를 양성자, 중성자 그리고 전자로 이루어진 뜨겁고 밀도가 높았던 수프로 잡았어요. 하지만 그 후 양성자나 중성자보다 더 작은 입자들이 있다는 것이 밝혀지면서 우주 초기는 이들 입자들로 이루어졌던 시기까지 거슬러 올라가게 되었어요. 하지만 빅뱅 우주론의 큰 골격은 아직도 그대로 유지되고 있어요. 나와 알퍼 그리고 헤르만이 손으로 계산해서 만들어 낸 우주론의 골격이 모든 것을 컴퓨터를 이용하여 계산하는 현재까지 유지된다는 것은 우리가 한 일이 대단한 일이었다는 것을 증명하고 남을 거예요.

다른 사람이 하지 않았던 일을 하는 것은 참으로 어렵고 힘든 일이에요. 누구도 상상할 수 없는 우주의 시작과 그 후의 진화 과정을 밝히는 것과 같은 일은 어려운 일이지요. 그러나 리비트, 허블, 펜지어스와 윌슨 같은 천문학자들의 도움으로 우리의 생각이 옳다는 것을 증명할 수 있었어요. 그중에는 우연한 결과도 있었고 행운도 있었어요. 하지만 우연이나 행운은 가만히 있는 사람에게 찾아오지는 않아요. 일상생활에서와 마찬가지로 과학 연구에서도 행운은 노력하는 사람에게만 찾아오지요.

이제 우리가 제안했던 빅뱅 우주론을 세상의 모든 사람들이 받아들이는 것을 보면서 나와 알퍼 그리고 헤르만은 행복한 사람이고 운이 좋았던 사람이라고 생각하게 됐어요. 한때 우리의 공로를 제대로 인정해 주지 않는다고 불평했던 일들이 쓸데없는 짓이었다는 것을 알게 되었어요. 우리가 가만히 있었어도 결국 모든 사람들은 우리가 무엇을 했는지 알게 되었을 테니까요.

만화로 본문 읽기

오늘은 나의 빅뱅 우주론이 정통 우주론으로 자리 잡기까지의 과정에 대해서 이야기해 줄게요.
우선 축하드려요.
저도요.

먼저 빅뱅 우주론이나 정상 우주론이 공통적으로 가지고 있던 어려운 문제가 하나 있었어요.
공통적인 문제점이요?
빅뱅 우주론
정상 우주론
〈 공통적 문제점 〉

두 이론 모두 우주 창조 초기에 무거운 원소들이 어떻게 만들어졌는지를 밝혀내지 못했거든요.
끝까지 밝혀내지 못했나요?
H
He
가벼운 원소
무거운 원소

정상 우주론을 주장하던 호일이 해결했어요. 호일은 빅뱅 우주론이 아닌 정상 우주론을 위한 연구에서 무거운 원소들이 어떻게 만들어졌는지를 밝혀냈지요.
내 연구가 빅뱅 우주론에 도움을 주다니….
결과적으로는 빅뱅 우주론에 유리하게 된 거네요.

네. 그리고 빅뱅 우주론의 가장 치명적인 결점인 우주와 지구 나이의 문제도 천문학자들의 노력으로 해결되었지요.
점점 더 빅뱅 우주론이 유리해지네요.
우주 나이와 지구 나이를 알아냈어!

또 전파 천문학의 발달로 빅뱅 우주론이 옳다는 강력한 증거를 얻게 된 것이지요.
결국 진실은 승리하게 되는군요.

과학자 소개

우주의 기원을 밝혀 낸 가모George Anthony Gamow, 1904~1968

가모는 우크라이나 출신의 물리학자로 소련에서도 유명했던 과학자였습니다. 그러나 과학적 진리마저 정치적으로 해석하는 소련이 싫어서 부인과 함께 소련을 탈출하여 미국에 정착한 후 과학 연구를 계속했습니다.

가모는 1948년, 그가 지도하던 박사 과정 학생이었던 알퍼와 함께 우주가 한 점에서 팽창하면서 시작되었다는 빅뱅 우주론을 발표했습니다.

빅뱅 우주론에 의하면 우주는 100억 내지 200억 년 전에 초고압, 초고온 상태에서 팽창하면서 시작되었습니다. 우주에는 수많은 별들로 이루어진 은하가 있는데 별과 은하를 구성하고 있는 대부분의 수소와 헬륨은 처음 5분 동안에 만들어졌다고 주장한 것입니다.

또한 지구의 여러 가지 무거운 원소들은 질량이 큰 별 속에서 원자핵 융합 과정을 통해 만들어졌다고 합니다. 그러니까 별들은 수소와 헬륨과 같이 가벼운 원소를 무거운 원소로 만드는 공장이라고 할 수 있습니다. 과학자들은 처음에 이러한 빅뱅 우주론을 받아들이려고 하지 않았습니다.

그러나 1965년 미국의 펜지어스와 윌슨이 빅뱅의 흔적인 우주 흑체(배경) 복사를 발견한 후에는 빅뱅 우주론을 모든 사람들이 받아들이게 되었습니다. 우주 흑체 복사는 빅뱅 초기에 있었던 빛이 우주 곳곳에 아직도 남아 있는 것을 말합니다. 이제는 파장이 길어져서 우리 눈에는 보이지 않는 마이크로파가 되었지만요.

가모는 일반인들을 위해 과학 이론을 쉽게 풀어 쓴 책을 많이 출판했습니다. UN(국제연합)에서는 이러한 그의 공로를 인정하여 과학 대중화에 공헌한 사람에게 주는 칼링가 상을 수여하기도 했습니다.

과 학 연 대 표

언제, 무슨 일이?

과학사		세계사
에딩턴 개기 일식 관찰로 일반 상대론 증명	1919	대한 제국, 3 · 1 운동
프리드만 팽창하는 우주 이론 발표	1922	이탈리아, 무솔리니가 파시스트 정부 수립
허블 허블의 법칙 발견	1929	독일 비행선 그라프 체펠린 호, 세계 일주 비행 성공
가모, 알퍼 빅뱅 우주론 제안	1948	대한민국 정부 수립. 미군정, 대한민국 정부에 정권 이양
펜지어스, 윌슨 우주 흑체 복사 발견	1965	미국 로스앤젤레스 와츠 지역, 대규모 흑인 폭동 발생

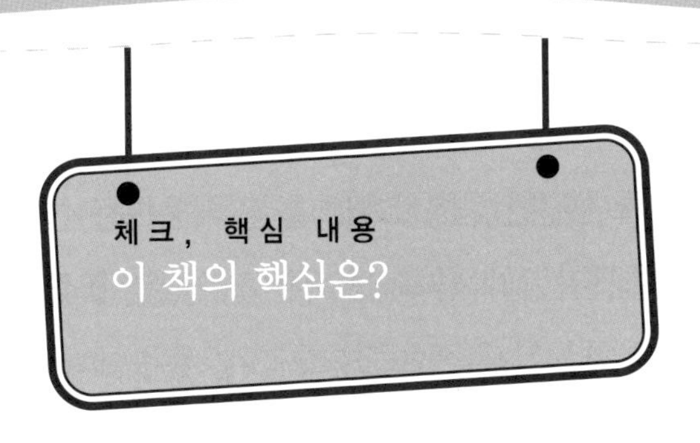

1. 리비트는 □□□□ □□□의 밝기와 주기 사이에 비례 관계가 있다는 것을 발견하고 이를 우주 거리 측정에 이용했습니다.
2. 허블이 실제로 관측을 통해 우주가 팽창하고 있다는 것을 밝혀내기 전에 이론을 이용해 우주가 팽창하고 있다고 주장한 사람은 소련의 □□□□과 벨기에의 □□□□였습니다.
3. 1948년 4월 1일, 가모와 알퍼는 우주가 한 점에서 팽창하면서 시작했다는 □□ □□□을 발표했습니다.
4. 영국의 호일과 본디 그리고 골드는 우주가 팽창하기는 하지만 팽창해서 새로 생기는 공간에 새로운 물질이 생겨나 계속 채워지기 때문에 우주의 모습은 변하지 않는다는 □□ □□□을 발표했습니다.
5. 1965년 미국의 펜지어스와 윌슨은 빅뱅의 증거라고 할 수 있는 □□ □□ □□를 찾아냈습니다.

1. 세페이드 변광성 2. 프리드만, 르메트르 3. 빅뱅 우주론 4. 정상 우주론 5. 우주 배경 복사

이슈, 현대 과학

암흑 물질과 암흑 에너지

1933년 스위스의 츠비키(Fritz Zwicky)는 은하들의 운동을 관측하다가 이해할 수 없는 사실을 발견했습니다. 관측된 은하의 질량만으로는 은하들의 운동을 설명할 수 없었던 것입니다. 그 후 미국의 루빈(Vera Rubin)은 은하 주위를 돌고 있는 별들의 운동을 관찰하다가 은하에는 우리가 관측할 수 있는 물질 외에 다른 물질이 엄청나게 많이 존재한다는 것을 알게 되었습니다.

우리는 아직 그것이 무엇인지 모른 채 '암흑 물질'이라고 부르고 있습니다. 계속된 과학자들의 노력으로 이제는 암흑 물질의 양과 분포를 알아낼 수 있게 되었지만 암흑 물질이 무엇인지는 여전히 모릅니다.

그런데 1988년, 우주에 우리가 지금까지 알지 못했던 엄청나게 많은 에너지가 존재한다는 것을 알게 되었습니다. 빅뱅 이론에 의하면 우주의 팽창하는 속도는 점점 줄어들어야 합니다. 물질들이 서로 잡아당기는 중력이 팽창하는 속도를 줄어들게 하기 때문입니다.

그러나 과학자들은 우주의 팽창 속도가 점점 빨라지고 있다는 놀라운 사실을 발견하였습니다. 우주의 팽창 속도가 빨라지기 위해서는 중력보다 더 큰 힘으로 우주를 밀어내는 또 다른 힘이 있어야 합니다. 과학자들은 이 힘의 근원이 우주 공간을 채우고 있는 '암흑 에너지'라고 생각하고 있습니다.

암흑 물질만 해도 골치 아픈 과학자들에게 암흑 에너지는 또 다른 문제를 안겨 주었습니다. 더구나 암흑 물질이나 암흑 에너지의 양은 우리가 관찰할 수 있는 보통 물질보다 훨씬 더 많이 존재합니다.

지구와 태양계 그리고 별과 은하, 우주 공간에 흩어져 있는 먼지들을 모두 합해도 우주에 존재하는 모든 물질의 4%에 지나지 않습니다. 74%는 암흑 에너지이고, 나머지 22%는 암흑 물질입니다. 따라서 우주의 미래는 암흑 에너지와 암흑 물질에 달려 있다고 할 수 있습니다.

찾아보기

어디에 어떤 내용이?